石油化工工艺学

王　丽　单书峰　付　文　林存辉　编著

中国石化出版社

内 容 提 要

　　《石油化工工艺学》通过石油化工过程案例的介绍，着重提高学生工程素养和解决复杂石油化工问题的能力。本书在介绍各工艺时，注重理论联系实际，采用企业生产案例，强调工艺过程特点，介绍近年来的新工艺、新技术和新方法，并指出了相关工艺的发展现状和发展趋势。书中重点分析了反应部分的工艺原理、影响因素、能量综合利用、副产物综合利用等知识。课后练习采用"目标问题导向式"教学模式引入"五类基本问题"，提供给学生进行线上线下混合式教学模式使用。

　　本书可作为石油化工类高等院校化学工程与工艺教材，也可作为化学和相关专业课程教材，并可供从事化工生产、管理和设计的工程技术人员阅读。

图书在版编目（CIP）数据

　　石油化工工艺学/王丽等编著 . —北京：中国石化出版社，2020. 11
　　ISBN 978 － 7 － 5114 － 6018 － 9

　　Ⅰ. ①石…　　Ⅱ. ①王…　　Ⅲ. ①石油化工 － 工艺学
Ⅳ. ①TE65

　　中国版本图书馆 CIP 数据核字（2020）第 213545 号

中国石化出版社出版发行
地址:北京市东城区安定门外大街 58 号
邮编:100011　电话:(010)57512500
发行部电话:(010)57512575
http://www. sinopec-press. com
E-mail:press@ sinopec. com
北京柏力行彩印有限公司印刷
全国各地新华书店经销
*
710×1000 毫米 16 开本 12. 75 印张 212 千字
2021 年 6 月第 1 版　2021 年 6 月第 1 次印刷
定价:38. 00 元

前　　言

　　本教材为化学工程与工艺专业特色教材，内容注重基础，面向生产实际，注重学生解决复杂工程问题能力的培养，为其将来从事化工过程的生产、开发、设计、建设和相关科学管理打下牢固的石油化工工艺学基础。

　　本书由广东石油化工学院教师参加编写，部分企业专家提供工艺案例。其中，第一章、第四章由王丽老师编写；第二章由林存辉老师编写；第三章由单书峰、邓益强老师编写；第六章由单书峰老师编写；第五章由广东工业大学研究生余升裕编写；第七章、第八章由付文老师编写，郑昭奇提供案例；第九章由中国石化广州石化公司庄卓铭编写。中国石化集团茂名石油化工有限公司提供了一些工艺案例，在此深表谢意！

　　由于水平及资料掌握的局限性，书中错误和缺点不可避免，恳请读者批评指正，我们不胜感激。

编　者

目　　录

第1章 绪 论

1.1 基本概念

1.1.1 化学工业、化学工艺、化学工程

①化学工业（chemical industry）又称化学加工工业，泛指生产过程中化学方法占主要地位的过程工业（涉及化学的行业、产业等，如轻化工、重化工）。

②化学工艺与化学工程两者相辅相成，密不可分，其区别与联系如图 1 - 1 所示。

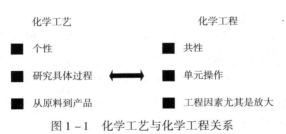

图 1 - 1 化学工艺与化学工程关系

③化学工艺（chemical technology or chemical processing）即化工技术或化学生产技术，是将原料物质主要经过化学反应转变为产品的方法和过程，包括实现这一转变的全部化学的和物理的措施。所设计工艺需技术先进、经济合理、生产安全且环境无害等。

④化学工程（chemical engineering）是研究化学工业和其他过程工业（process industry）生产中所进行的化学过程和物理过程共同规律的一门工程学科。这些工业除了包括传统化工制造（如石油精炼、金属材料、塑料合成、食品加工和催化制造等），现代化工还囊括了生物工程、生物制药以及相关的纳米技术。现代化工在近年来发展非常迅速，给人类的生活带来了极大的便利，对人类生活方式产生了深远影响。

⑤化学工艺学是主要研究化工生产中的方法原理、操作条件、工艺流程等的基础科学。包括无机化工工艺学、有机化工工艺学、石油化工工艺学、高分子化工工艺学、精细化工工艺学、生物化工工艺学等。

1.1.2 化学品与化学工业

化学工业产品有很多：化学原料、化学肥料、三大合成材料、染料、香料、涂料、感光材料、医药、农药、炸药、各种试剂、助剂、日用化学品等。

通常化学工业可分为无机化学工业和有机化学工业，即无机化工和有机化工。

（1）无机化工

基本无机化工：三酸、两碱、合成氨、化学肥料。

精细无机化工：各种试剂、药剂、日化品、稀有元素等。

电化学工业：氯碱工业、湿法电冶金、电石生产等。

硅酸盐工业：玻璃、陶瓷、水泥、耐火材料等的生产。

（2）有机化工

基本有机化工：三烯、三苯、一炔、一萘；甲醇、甲醛、乙烯系、丙烯系和芳香烃产品等。

精细有机化工：各种试剂、药剂、香料和杀虫剂、染料工业、涂料工业和各种中间体（医药、农药、颜料）等。

高分子化学工业：三大合成、成膜材料等的生产。

燃料化学工业：石油、天然气、煤的化学加工等。

食品工业：糖、油脂、饮料、生化产品等。

其他：造纸、制革、橡胶等的加工。

1.1.3 石油化工

（1）石油化工

以石油和天然气为原料进行化学品的生产通常称作石油化工，又称石油化学工业。包括石油炼制、乙烯工业、高分子化工（合成树脂、合成橡胶、合成纤维）以及下游精细化工等相关产业。目前，中国有四大国家石油石化公司：中国石化、中国石油、中国海洋石油、中国中化集团。

（2）石油炼制

是指将原油经过分离和反应，生产燃料油、润滑油、化工原料及其他石油产品的过程。

（3）乙烯工业

是指以石油馏分为原料裂解生产乙烯为主，同时生产丙烯、丁烯、芳烃等产品的生产过程。乙烯是石油化工的基本有机原料，目前约有75%的石油化工产品由乙烯生产，它主要用来生产聚乙烯、聚氯乙烯、环氧乙烷/乙二醇、二氯乙烷、苯乙烯、聚苯乙烯、乙醇、醋酸乙烯等多种重要的有机化工产品，实际上，乙烯产量已成为衡量一个国家石油化工工业发展水平的标志。

（4）炼油及化工企业可分为4种类型：

①燃料油型生产汽油、煤油、轻重柴油和锅炉燃料。

②燃料润滑油型除生产各种燃料油外，还生产各种润滑油。

③燃料化工型以生产燃料油和化工产品为主。

④燃料润滑油化工型是综合型炼厂，既生产各种燃料、化工原料或产品，同时又生产润滑油。

1.1.4 石油产品分类

石油产品可分为：石油燃料、石油溶剂与化工原料、润滑剂、石蜡、石油沥青、石油焦共6类。其中，燃料产量约占总产量的90%；润滑剂品种最多，产量约占5%。

（1）燃料类

汽油：消耗量最大的品种。按在汽缸中燃烧时抗爆震燃烧性能的优劣，区分为辛烷值70、80、90或更高，号越大，性能越好。用作汽车、摩托车、快艇、直升机、农林用飞机的燃料。有添加剂（如抗爆剂四乙基铅）以改善使用和储存性能。受环保要求，将限制芳烃和铅的含量。

喷气燃料：供喷气式飞机使用。沸点范围60~280℃或150~315℃（俗称航空汽油）。为适应高空低温高速飞行需要，这类油要求发热量大，在-50℃不出现固体结晶。

煤油：沸点范围180~310℃。主要供照明、生活炊事用。要求火焰平稳、光亮而不冒黑烟，目前产量不大。

柴油：柴油是轻质石油产品，复杂烃类（碳原子数约10~22）混合物，为柴油机燃料。主要由原油蒸馏、催化裂化、热裂化、加氢裂化、石油焦化等过程生产的柴油馏分调配而成；也可由页岩油加工和煤液化制取。分为轻柴油（沸点范围约180~370℃）和重柴油（沸点范围约350~410℃）两大类。广泛用于大型车辆、铁路机车、船舰。我国柴油牌号是根据凝点分级的，轻柴油有 5、0、−10、−20、−35、−50 六个牌号，重柴油有 10、20、30 三个牌号。

燃料油：用作锅炉、轮船及工业炉的燃料。商品燃料油用黏度大小区分不同牌号。

（2）溶剂类

石油溶剂：用于香精、油脂、试剂、橡胶加工、涂料工业做溶剂，或清洗仪器、仪表、机械零件。

（3）润滑剂

润滑油：约占总润滑剂产量的 95% 以上。除润滑性能，还有冷却、密封、防腐、绝缘、清洗、传递能量的作用。产量最大的是内燃机油（占 40%），其余为齿轮油、液压油、汽轮机油、电器绝缘油、压缩机油，合计占 40%。按黏度分级，负荷大、速度低的机械用高黏度油，否则用低黏度油。炼油装置生产的是采取各种精制工艺制成的基础油，再加多种添加剂，因此具有专用功能，附加产值高。

润滑脂：俗称黄油，是润滑剂加稠化剂制成的固体或半流体，用于不宜使用润滑油的轴承、齿轮部位。

（4）内燃机油

由矿物基础油或合成基础油为主，加入清洁分散剂和抗氧腐蚀添加剂等调和而成的润滑油。用于摩擦部位的减摩、防锈和冷却，同时兼具密封、清洗润滑表面杂质等作用。

（5）石蜡、沥青、焦

石蜡油：包括石蜡（占总消耗量的 10%）、地蜡、石油脂等。石蜡主要作包装材料、化妆品原料及蜡制品，也可作为化工原料产脂肪酸（肥皂原料）。

石油沥青：主要供道路、建筑用。

石油焦：用于冶金（钢、铝）、化工（电石）行业作电极。

1.2　乙烯概况

1.2.1　炼油厂加工流程

炼油厂加工流程如图 1−2 所示。

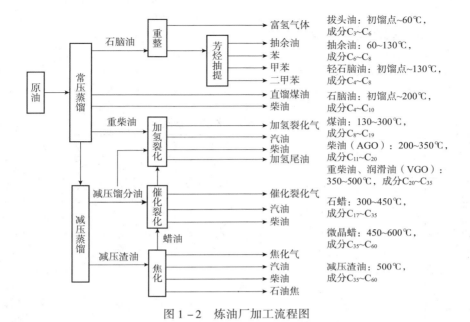

图 1-2 炼油厂加工流程图

拔头油：初馏点~60℃，
成分 C_3~C_6

抽余油：60~130℃，
成分 C_6~C_8

轻石脑油：初馏点~130℃，
成分 C_4~C_8

石脑油：初馏点~200℃，
成分 C_4~C_{10}

煤油：130~300℃，
成分 C_8~C_{19}

柴油（AGO）：200~350℃，
成分 C_{11}~C_{20}

重柴油、润滑油（VGO）：
350~500℃，成分 C_{20}~C_{35}

石蜡：300~450℃，
成分 C_{17}~C_{35}

微晶蜡：450~600℃，
成分 C_{35}~C_{60}

减压渣油：500℃，
成分 C_{35}~C_{60}

1.2.2 乙烯加工流程

乙烯加工流程如图 1-3 所示。

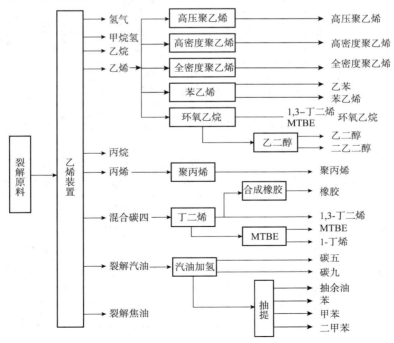

图 1-3 乙烯加工流程示意图

1.2.3 我国炼油能力

1.2.3.1 我国主要炼油能力分布

我国炼油能力分布如表1-1所示。

表1-1 我国炼油能力分布情况

省区	基地（园区）	炼油/（万吨/年）		乙烯/（万吨/年）	
		2015年	2020年	2015年	2020年
广东	茂名石化（中国石化）	2550		115	
	湛江东兴（中国石化）	500			
	湛江中科（中国石化）		+1000		+80
	广州石化（中国石化）	1350		30	
	惠州石化（中国海油，壳牌）	1200	+1000	95	+120
	小计	5600	7600	240	440
广西	北海炼化（中国石化）	500			
	钦州石化（中国石油）	1000	+1000		
海南	海南炼化（中国石化）	800	+500		+100
华南沿海地区合计		7900	9100	240	540
全国总量		80000	90000	2400	3580

1.2.3.2 广东主要炼油能力分布

广东省大型石油化工企业（基地）能力规模如表1-2所示。

表1-2 广东省大型石油化工企业（基地）能力规模概况

序号	石化企业（基地）名称	炼油能力/（万吨/年）		乙烯能力/（万吨/年）	
		2009年	2015年	2009年	2015年
1	茂名石化（中国石化）	1350	2550	100	200
2	湛江东兴（中国石化）	500	800		
3	湛江中科（中国石化、科威特）		1500		100
4	广州石化（中国石化）	1300	1300	20	100
5	惠州石化（中国海油、壳牌）	1200	2200	90	200
6	揭阳石化（中国石油、委内瑞拉）		2000		100
合计		4350	1035	210	700

1.2.4 国内外乙烯工业概况

1.2.4.1 国外乙烯工业概况

乙烯装置在生产乙烯的同时，副产大量的丙烯、丁烯、丁二烯、苯、甲苯和二甲苯，成为石油化工基础原料的主要来源。世界上约70%的丙烯、90%的丁二烯、30%的芳烃来自乙烯副产。以三烯（乙烯、丙烯、丁二烯）和三苯（苯、甲苯和二甲苯）总量计算，约65%来自乙烯生产装置。因此，乙烯生产在石油化工基础原料生产中占据主导地位，乙烯工业的发展水平是衡量一个国家和地区石油化学工业发展水平的重要标志。乙烯工业的快速发展是近15年的事。我国已建成了燕山、上海、扬子、齐鲁、茂名、大庆、辽阳、吉林、盘锦、抚顺、兰州，独山子，天津，镇海等以乙烯为龙头的大型石油化工基地，根本改变了乙烯长期完全依靠进口的历史。到2012年底，我国乙烯产量1200万吨，居世界第二位，已超越日本成为仅次于美国的全球第二大乙烯生产国。世界排名前10座乙烯联合装置如表1-3所示。

表1-3 世界排名前10的乙烯联合装置

排名	公司名字	装置地点	生产能力/（万吨/年）
1	诺瓦化学公司	加拿大阿尔伯塔省 Joffre	281.2
2	台塑集司公司	中国台湾麦寮	255.0
3	阿拉伯石化公司	沙特朱拜勒（Jubail）	225.0
4	埃克森美孚化学公司	美国得克萨斯州贝敦（Baytown）	219.7
5	雪佛龙菲利普斯化学公	美国得克萨斯州斯威尼（Sweeny）	184.4
6	道（陶氏）化学公司	荷兰泰尔纳曾（Terneuzen）	18.0
7	英力士烯烃及聚烯烃公司	美国得克萨斯州 Chocolate 的联合体	175.2
8	量子化学公司	美国得克萨斯州 Channelview 的联合体	175.0
9	延布石化公司	沙特延布的联合体	170.5
10	等星化学公司	美国得克萨斯州 Channelview	165.0
合计			2031

1.2.4.2 国内乙烯工业概况

中国有四大国家石油石化央企：①中国石化管理华北、华东、华中和华南地区的油气开采和加工。有胜利、江汉、中原等上游油田企业；燕山石化、扬子石化等中游石化企业；北京石油、广东石油等下游销售企业。②中国石油管理东北、西北、西南油气开采加工，有大庆、克拉玛依等上游；抚顺石化、兰州石化等中游炼油；辽宁石油、内蒙古石油公司等下游销售。③中国海油主要是开采中国海洋国土石油的公司。④中国中化集团是中国第四大国家石油公司，中国最大的农业投入品（化肥、农药、种子）一体化经营企业，领先的化工产品综合服务商，并在高端商业地产和非银行金融业务领域具有广泛影响。

1.2.4.3 广东省茂名石化工业区简况

广东省茂名石化工业区、珠海（茂名）产业转移工业园是全省唯一省部共建的园区。中国石化承诺，保证园区企业原材料的低价、优先供应，并共享铁路、港口、污水处理厂等公用工程。

目前，石化工业园区建设已初具规模。另外，还有五大基地：

①广东新华粤石化股份有限公司 C_9 资源综合利用生产基地；

②茂名鲁华化工有限公司建设国内规模最大、技术领先的 C_5 资源综合利用生产基地；

③广东奥克化学有限公司环氧乙烷精深加工基地；

④茂名石化实华股份有限公司 C_4、芳烃精深加工基地；

⑤以广东众和化塑有限公司、茂名市科达化工有限公司等为基础，建设广东最大的化工助剂基地。

1.2.5 茂名炼化一体化工业概况

（1）茂名炼油能力

茂名炼油能力为1350万吨/年；茂名炼油自产石脑油160余万吨；总公司互供石脑油：120余万吨；其他：65万吨（轻烃：21万吨；加裂尾油：27万吨；AGO：7万吨）

炼油生产装置60套，原油及产品储运系统将湛江港、水东港、乙烯及化工动力厂、炼油厂四大地理板块进行联接。

（2）茂名乙烯概况

①国内外的石化企业都是集中建设一批生产装置，形成大型石化工业区。在区内，炼油装置为"龙头"，为石化装置提供裂解原料，如轻油、柴油，并生产石化产品；裂解装置生产乙烯、丙烯、苯、二甲苯等石化基本原料。

②根据需求建设以上述原料为主生产合成材料和有机原料的系列生产装置，其产品、原料有一定比例关系。

③如要求年产100万吨乙烯，粗略计算，约需裂解原料400万吨，对应炼油厂

加工能力约 825 万吨，可配套生产合成材料和基本有机原料 280 万吨（图1-4）。

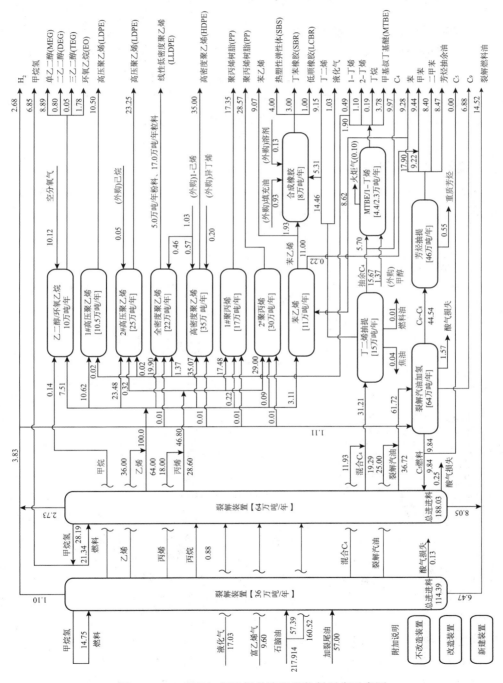

图 1-4　100 万吨/年乙烯总流程及物料平衡示意图

1.2.6　化工产业基础及发展现状

有待发展的下游产业链如下所示：

①环氧乙烷产业链：

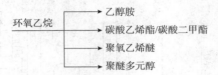

②苯酚丙酮产业链：

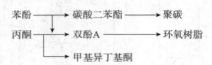

③芳烃产业链：

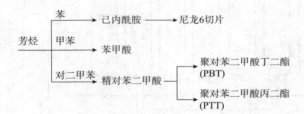

④C₄、C₅、C₉产业链：

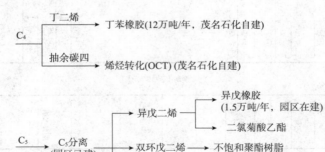

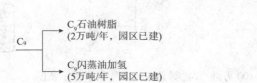

1.2.7　乙烯工业工艺优化主要措施

（1）原料优化

充分挖掘炼化一体化企业内部资源，优化利用炼油、芳烃副产的轻质资源（如干气、饱和液化气、轻烃等），实施石脑油的轻重分离和正异构分离，实现分储、分输、分炉裂解；结合成品油市场变化，及时调整加氢尾油、柴油等重质原料比例，缓解成品油产销结构性矛盾。

积极开展乙烯原料资源的区域优化利用：加大区域资源优化工作力度，发挥中国石化集团优势，逐步形成南京、华东、华南、华北以及沿江中上游等地区的轻烃资源优化中心，实现区域资源优化利用。

稳妥推进乙烯原料的多元化：积极拓展乙烯原料来源，寻求稳定的进口丙烷、乙烷等资源，实现乙烯原料的多元化调整（上海石化、赛科打通进口丙烷加工流程；齐鲁实现青岛LNG乙烷裂解加工）；加强石脑油储备库经营运作，缓解区域性和阶段性石脑油资源不平衡问题。

实施以原料适应性为重点、适当兼顾节能的装置改造：结合裂解炉辐射段炉管更新，采用样板炉技术实施原料适应性改造为主、兼顾节能的裂解炉改造；根据原料结构调整和节能减排的需要，先后完成了扬子新线节能改造、福建扩能、镇海挖潜改造以及茂名新线消瓶颈改造。

（2）技术支持

以原料适应性改造为主、兼顾节能的裂解炉改造，采用高选择性辐射段炉管，提高乙烯产品收率和原料灵活性。

（3）技术支撑

①炼厂干气提浓回收富乙烯气、富乙烷气：

深冷分离：Lummus深冷分离法，利用原料组分相对挥发度的差异，在低温条件下通过精馏方法进行分离。

吸附分离：变压吸附分离法，通过加压吸附、降压解吸实施过程循环，采用多塔交替操作实现吸附和解吸过程连续化，气体得到分离和提浓。

油吸收分离：浅冷油吸收法，利用干气各组分在吸收剂中溶解度的不同进行分离。

芳烃干气回收富烷烃气体：芳烃联合装置歧化、异构化干气通过增压、脱重后直接送乙烯装置裂解。

②石脑油吸附分离（MaxEne）技术工业应用：

全馏分石脑油馏程范围较宽,一般精馏方法难以实现正异构烃的有效分离,利用正异构烃在吸附剂上的吸附强度不同,采用模拟移动床吸附分离技术可实现正异构烃的高效分离,得到的高纯度正构烷烃作裂解原料可显著提高乙烯收率,而芳烃潜含量较高的异构烃组分进行重整反应则有利于芳烃产品收率的提高,真正实现了石脑油资源"宜烯则烯、宜芳则芳"的原料优化目标。

③高烯烃含量 C_4 共裂解技术:

围绕提高 C_4 资源的综合利用效率,通过裂解增产丁二烯。

小试研究:中国石化北京化工研究院 2011 年完成,采用不含异丁烷的醚后 C_4(烯烃含量大于70%)与石脑油共裂解,在保证"三烯"收率略增的前提下,可较大幅度提高丁二烯收率。

工业试验:2012 年在燕山乙烯 6 万吨/年裂解炉上进行首次工业应用试验,C_4 与石脑油为 1:6 混合裂解时,丁二烯收率提高 0.98 个百分点,"三烯"收率提高 1.81 个百分点。

由于近年市场变化,丁二烯价格大幅下跌,高烯烃含量 C_4 共裂解技术工业应用时机还不成熟。

④PIMS、SPYRO 等优化软件工具的应用:

充分利用 PIMS、SPYRO 等优化软件工具,开展常态化的原料优化和裂解操作条件优化工作。通过 PIMS 模型测算,统筹优化原油采购,油种的选择在满足乙烯原料需求和降低原油采购成本之间寻找最佳平衡点。

1.2.8 乙烯工业安全环保主要措施

(1)强化治理

大力推进碧水蓝天环保专项行动:2013 年 7 月 30 日,中国石化宣布实施"碧水蓝天"环保计划;2016 年 7 月底,"碧水蓝天"环保专项行动圆满完成。

突出三个重点:①推进污染物减排与达标排放;②提升作业场所及企业周边环境质量;③积极治理环保隐患。

(2)深化管理

常态化推行检修停开车低排放操作:企业优化检修停、开车方案,落实低排放措施,在降低物料损失的同时,减小了对装置区域和周边环境的影响,兼具经济效益、社会效益和环境效益。

(3)技术创新

①泄漏检测与修复(LDAR)专项工作。

践行绿色低碳发展战略，2011 年率先在上海石化乙烯装置试点；

2013 年开始，乙烯装置全面推广 LDAR 专项工作；

异味治理成效显著，现场环境明显改善。

②裂解炉低 NO_x 燃烧器改造。

国家环保部和质检总局联合颁布《石油化学工业污染物排放标准》 （GB 31571—2015），现有企业自 2017 年 7 月 1 日起执行。

环境敏感地区，裂解炉执行 NO_x100mg/Nm^3 的特别排放限值。

低 NO_x 燃烧器改造，结合裂解炉操作调整，基本可以实现氮氧化物达标排放，但抗干扰性有待改进和摸索。

在总结经验的基础上，进一步完善改造方案，统筹推进，在保证达标排放的同时避免对裂解炉造成不利影响。

1.2.9 乙烯工业节能降耗主要措施

1.2.9.1 节能降耗基本原则

（1）节能降耗基本原则：

乙烯工业节能降耗主要措施如图 1-5 所示：节能遵循有效利用、充分利用、综合利用三个原则。

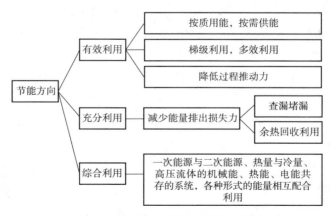

图 1-5 乙烯工业节能降耗基本原则

（2）节能降耗基本措施

乙烯工业节能降耗基本措施如图 1-6 所示：采用结构调整、深化管理、技术创新、余热回收等措施。

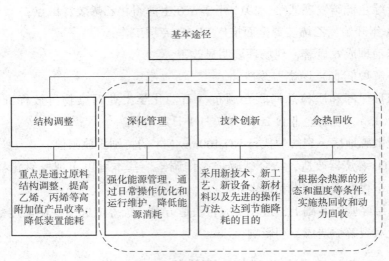

图 1 - 6　乙烯工业节能降耗基本措施

1.2.9.2　节能降耗具体措施

措施 1：强化裂解炉操作优化和运行维护。

①严细裂解炉运行管理档案，严格裂解炉特护管理制度。②定期组织裂解炉的热效率标定，及时采取改进措施。③检查烧嘴燃烧状态，及时调整、清理。严格控制烟气氧含量、排烟温度和炉壁温度。④定期校验裂解炉出口热电耦、烟气氧含量等测量仪表。调整裂解炉炉膛热量分布，减少辐射段炉管上下温差。⑤定期分析裂解炉烟气组成，判断对流段炉管运行状态。⑥减少或取消裂解炉热备，降低燃料和蒸汽消耗。⑦在保证裂解炉烧焦效果前提下，优化烧焦程序，降低燃料及公用工程消耗。

措施 2：加强系统操作优化，提高能量利用效率，减小能量损失。

措施 3：关停老旧低效装置。

①受安全环保限制，东方石化乙烯装置于 2012 年 9 月 10 日停产。②上海石化 1#乙烯于 2013 年 11 月 25 日，按计划停车，经过 21 天的停车处理，12 月 15 日永久性停役。该装置始建于 1974 年 3 月，1976 年 7 月建成投产，累计服役超过 37 年，为我国乙烯工业的发展作出了不可磨灭的贡献。

1.2.9.3　节能降耗技术创新

（1）样板炉技术节能改造

采用先进技术，2011 年 1 月完成中国石化第一台样板炉（茂名 H - 111 炉）改造。为进一步适应乙烯原料结构调整，裂解炉改造的重点逐步转变为以原料适应性为主，兼顾节能，从总部层面推进裂解炉改造。截至 2016 年底，采用 CBL 技术进行性能改进及增加原料灵活性、节能改造（含扩能及炉管更新）的裂解炉共 80 多台。

改造效果：①裂解炉投料量达到设计负荷；②运行周期超过 80 天；③排烟温度低于 95℃；④炉外壁温度不超过 75℃；⑤热效率大于 95％。

（2）裂解炉节能新技术应用

高选择性炉管，扭曲片管（一代、二代），线性急冷锅炉；引风机变频、永磁调速，空气预热器，风门自动控制，炉墙内衬黑体原件，炉膛热场在线监测系统，原位涂层抑制结焦技术，通过对炉管内表面处理形成原位涂层，抑制催化结焦，可有效延长裂解炉运行周期，目前已在 10 多台裂解炉应用。

（3）新型材料炉管试用

改善炉管抗渗碳性能，延长炉管的使用寿命。采用稀土元素配比及添加等技术。扬子石化首次在老区两台改造的裂解炉上试用了稀土耐热钢辐射炉管，辐射段炉管总体运行良好，在裂解炉运行期间炉管表面温度处于较低水平，TMT 温升较为缓慢，稀土炉管较普通炉管具有一定的抗结焦性能，有助于延长炉管使用寿命。为炉管新材料改进进行了有益探索。

（4）"两化"融合推动产业升级

APC 先进控制；裂解深度控制；RTO 实时优化控制。

以稳定控制、"卡边"控制以及结合市场变化的实时优化控制，进一步提升装置过程控制和操作优化水平，实现乙烯装置平稳运行、节能降耗和效益最大化目标。

（5）压缩机透平在线清洗

针对近年来乙烯装置大机组透平结垢问题日益突出的现状，经过反复论证，融合纯浸泡清洗和湿蒸汽低转速清洗方案，先后在上海石化、茂名石化实施了关键机组透平的在线清洗，效果显著。透平在线清洗既避免了常规开盖检修所造成的巨大效益损失，又有效规避了高速湿蒸汽清洗对同一管网其他关键机组的重大影响，实现了乙烯装置关键机组透平低负荷在线清洗新的突破。

（6）余热回收

采用裂解炉空气预热技术，利用装置的废热或余热来加热裂解炉的助燃空气，降低燃料消耗。裂解炉对流段应用化学清洗技术，可清除长期积累在对流段炉管外壁的污垢，提高对流段炉管的换热效果，充分回收烟气热量。完善凝结水和乏汽回收。采用热水伴热取代蒸汽伴热，减少蒸汽消耗。急冷油、急冷水能量优化利用。优化操作，提高急冷油塔釜温度，减少 MS 消耗量。

1.2.10　可持续发展

（1）政策引导

石化和化学工业发展规划（2016～2020）：综合考虑资源供给、环境容量、安全保障、产业基础等因素，有序推进七大石化产业基地及重大项目建设，提高炼化一体化水平。加快现有乙烯装置升级改造，优化原料结构，实现经济规模，提升加工深度，增强国际竞争力。

烯烃加快推进重大石化项目建设，开展乙烯原料轻质化改造，提升装置竞争力。开展煤制烯烃升级示范，统筹利用国际、国内两种资源，适度发展甲醇制烯烃、丙烷脱氢制丙烯，提升非石油基产品在乙烯和丙烯产量中的比例，提高保障能力。

（2）发展定位

价值引领战略利用价值管理使一切工作向价值创造聚焦。

创新驱动战略通过有效管用的体制机制激发科技创新、管理创新、产品创新、服务创新和商业模式的全面创新。

资源统筹战略以市场化手段提升"能源资源 + 要素资源"的综合资源配置能力和保障能力。

开放合作战略对内开放，推进混合所有制放大国有资本功能；对外开放，借力"一带一路"提升国际化经营格局。

绿色低碳战略节能 + 减排 + 降碳，打造绿色发展优势。

（3）五大发展战略

价值引领战略利用价值管理使一切工作向价值创造聚焦。

创新驱动战略通过有效管用的体制机制激发科技创新、管理创新、产品创新、服务创新和商业模式的全面创新。

资源统筹战略以市场化手段提升"能源资源 + 要素资源"的综合资源配置能力和保障能力。

开放合作战略对内开放，推进混合所有制放大国有资本功能；对外开放，借力"一带一路"提升国际化经营格局。

绿色低碳战略节能 + 减排 + 降碳，打造绿色发展优势。

（4）存量优化与增量发展

按照"着力加强供给侧结构性改革，着力提高供给体系质量和效率"的要求，重点做好存量资产、企业和人员的结构优化，加大原料和产品结构调整，提高存量资产发展质量和效益。按照"投资有回报、产品有市场、企业有利润、员工有收入、政府有税收、环境有改善"的原则做好增量发展，以增带存，以存促增。

调结构：优化化工原料结构，大力开发高端化工产品，有效顶替进口。

促升级：积极推进炼化基地化发展，加快推进建设具有国际竞争力的四大世界级炼化基地；积极布局化工新材料业务，专业化、规模化发展新材料、精细化工和生物化工基地；打造炼油化工"国家新名片"。

（5）统筹发展

坚持"基础＋高端"的发展模式，按照"做强优势业务、发展高端业务、提升常规业务、退出劣势业务"的原则提升核心竞争力。坚持内涵发展，推进炼化煤气一体化优化与原料多元化；调整原料结构降低成本、调整产品结构顶替进口；选择发展空间较好的产品适当做大增量，改善资产收益水平；推进新材料、精细化工、海外天然气化工、煤化工的发展。

下游产业：充分利用蒸汽裂解副产物多样化的优势，做好 C_4、C_5 和芳烃的综合利用；下游配套的产品应充分体现差异化、高端化、高附加值化，避免雷同，避免加剧通用产品的过剩。

（6）协同发展

两化融合：以国家"两化融合"精神为指导，贯彻落实"中国制造2025""互联网＋"等行动计划，充分利用云计算、物联网、大数据等，全力打造集成贡献的经营管理平台、协同智能的生产营运平台、互联高效的客户服务平台、敏捷安全的技术支撑平台，促进生产经营数字化、网络化、智能化、效益显性化。

继续推进乙烯装置 APC 先进控制、裂解深度控制以及基于市场变化的 RTO 实时优化控制系统深化应用，切实提高运行操作水平，实现最大效益增值。

（7）绿色发展 - 绿色低碳

加强能源节约方面：践行绿色低碳发展理念，坚持节能优先，以节能带动减排和降碳；加快淘汰落后产能，推进"能效倍增"计划，为能源化工企业生态文明建设作出表率。

低碳业务方面：把握绿色低碳发展潮流，实施碳排放总量和强调双控制，建立温室气体排放目标分解考核制度，强化节能降碳，开展温室气体捕集利用，有效控制温室气体排放，积极拓展低碳业务，积极参与碳交易，成为工业领域践行生态文明的典范。

（8）创新驱动－新技术开发

持续推进技术进步，完善、提升具有自主知识产权的百万吨级乙烯成套技术、甲醇制烯烃技术和煤制乙二醇等技术。

完善煤气化、煤制天然气等成套技术，为发展煤化工奠定基础。

加快引领与急需技术开发，重点是基础化学品生产技术、合成材料生产技术、精细化工生产技术、生物化工技术、现代煤化工及碳一化工技术、绿色低碳节能环保及大型公用技术。

重点研究开发新能源技术、甲烷/合成气制乙烯技术、生物乙烯技术等。

第2章 烃类热裂解及乙烯生产

2.1 烃类热裂解

2.1.1 烃类热裂解反应规律

烃类热裂解是将石油系烃类原料、低分子烷烃经高温作用，使烃类分子发生碳链断裂或脱氢反应，生成分子量较小的烯烃、烷烃和其他分子量不同的轻质和重质烃类。

我们首先来看烷烃的裂解反应。对于正构烷烃，其裂解反应主要有脱氢反应和断链反应，对于 C_5 以上的正构烷烃还可能发生环化脱氢反应。

正构烷烃：

脱氢反应　　　$C_nH_{2n+2} \rightarrow C_nH_{2n} + H_2$（C—H 键断裂）

断链反应　　　$C_nH_{2n+2} \rightarrow C_mH_{2m} + C_kH_{2k+2}$（$m+k=n$）

C_5 以上正构烷烃可环化脱氢生成

正构烷烃的裂解规律如下：相同原子数的烷烃断链比脱氢容易；碳链越长裂解反应越易进行；是强吸热反应，断链是不可逆过程，脱氢是可逆过程；在分子两端断链的优势大，较小的生成烷烃，较大的生成烯烃；碳链增长，中央断链可能性增大；乙烷不发生断链反应，只发生脱氢反应生成乙烯，甲烷在一般裂解温度下不发生变化。

正构烷烃裂解的主要产物是氢、甲烷、乙烯、丙烯，它是生产乙烯、丙烯的理想原料。

异构烷烃的裂解规律如下：C—C 键和 C—H 键键能比正构烷烃低，容易裂解或脱氢；脱氢能力与分子结构有关，容易顺序为叔氢 > 仲氢 > 伯氢；异构烷烃裂解所得乙烯和丙烯的收率远较正构烷烃低，氢、甲烷、C_4 及 C_4 以上烯烃收率较高；随着碳原子数的增加，异构烷烃与正构烷烃裂解所得乙烯和丙烯收率的差异减小。异构烷烃裂解所得主要产物为氢、甲烷、乙烯、丙烯、C_4 烯烃。

烯烃的裂解反应，主要有断链反应、脱氢反应、歧化反应、双烯合成反应和芳构化反应。

烯烃裂解的主要产物有乙烯、丙烯、丁二烯、环烯烃和氢气。烯烃主要是在反应中生成的，小分子烯烃的裂解是不希望发生的，需要控制。

环烷烃的裂解反应，主要包括断链开环反应、脱氢反应、侧链断裂反应和开环脱氢反应。

环烷烃的裂解规律如下：侧链烷基断裂比开环容易；长侧链断裂一般从中部开始，离环近的碳碳键不易断裂；带侧链比不带侧链的环烷烃裂解烯烃收率高；脱氢生成芳烃的反应优于开环生成烯烃的反应；五环烷烃比六环烷烃难裂解；环烷烃比链烷烃更易于生成焦油，产生结焦。

环烷烃裂解的主要产物有两种情况，单环烷烃主要生成乙烯、丁二烯和单环芳烃，多环烷烃主要生成 C_4 以上烯烃和单环芳烃。

芳烃的裂解反应主要有烷基芳烃的侧链脱烷基反应或断键反应、环烷基芳烃的脱氢和异构脱氢反应以及芳烃的缩合反应，其反应产物主要是多环芳烃和焦炭，因此不宜作裂解原料。

各族烃的裂解反应规律：正构烷烃在各族烃中最利于乙烯、丙烯的生成。分子量愈小烯烃的总产率愈高。异构烷烃的烯烃总产率低于同碳原子数的正构烷烃，但随着分子量的增大，这种差别减小。大分子烯烃裂解为乙烯和丙烯，烯烃能脱氢生成炔烃、二烯烃，进而生成芳烃。环烷烃生成芳烃的反应优于生成单烯烃的反应。相对于正构烷烃来说，含环烷烃较多的原料丁二烯、芳烃的收率较高，而乙烯的收率较低。

无烷基的芳烃基本上不易裂解为烯烃，有烷基的芳烃，主要是烷基发生断碳碳键和脱氢反应，而芳环保持不裂开，可脱氢缩合为多环芳烃，从而有结焦的倾向。各族烃的裂解难易程度为正构烷烃 > 异构烷烃 > 环烷烃 > 芳烃。随着分子中碳原子数的增多，各族烃分子结构上的差别反映到裂解速度上的差异就逐渐减弱。

2.1.2　烃类热裂解自由基反应机理

研究表明，裂解发生的基元反应大部分为自由基反应机理。大部分烃类裂解过程包括链引发反应、链增长反应和链终止反应三个阶段。链引发反应是自由基的产生过程；链增长反应是自由基的转变过程；链终止反应是自由基消亡生成分子的过程。

链引发是在热的作用下，一个分子断裂产生一对自由基，因键断裂位置不同可有多个链引发反应，这取决于断裂处相关键的解离能大小，解离能小的反应更易于发生。C—H 键解离能较 C—C 键大，发生解离的可能性小。故引发反应的通式如下：

$$R—R'→R·+R'·$$

链增长反应包括自由基夺氢反应、自由基分解反应、自由基加成反应和自由基异构化反应，其中以自由基夺氢反应和自由基分解反应为主。

自由基夺氢反应的活化能不大，一般为 $30 \sim 46kJ/mol$。在夺氢反应中被自由基夺走氢的容易程度和相对反应速度按下列顺序递增：伯氢＜仲氢＜叔氢。自由基分解反应的活化能比夺氢反应要大，而比链引发反应要小，一般为 $118 \sim 178kJ/mol$，通式如下。自由基分解反应是生成烯烃的反应，而裂解的目的是为了生产烯烃，所以这类反应是很关键的反应。通式如下：

$$H·+RH→H_2+R·$$
$$R'·+RH→R'H+R·$$

自由基分解反应，通式如下：

$$R·→R'·+烯烃$$
$$R·→H·+烯烃$$

自由基分解反应有如下的规律：自由基分解为碳原子数较少烯烃的反应活化能较小，分解为氢自由基和同碳数烯烃的反应活化能较大；自由基中带有未配对电子的碳原子，若所连的氢较少，就主要分解为氢自由基和同碳原子数的烯烃分子；链增长反应中生成的自由基碳原子数大于3，还可继续发生分解反应；自由基分解反应直到生成氢自由基、甲基自由基为止。

链终止反应是两个自由基结合成分子或通过歧化反应形成两个稳定分子的过程，这类反应是自由基反应的结束，其活化能一般较低。至于终止反应发生在哪两种自由基间，这取决于自由基的浓度，体系中具有较高浓度的自由基容易发生链终止反应。

原料烃在裂解过程中所发生的反应是复杂的，一种烃可以平行地发生很多种反应，又可以连串地发生许多后继反应。所以裂解系统是一个平行反应和连串反应交叉的反应系统。从整个反应进程来看，属于比较典型的连串反应。对于这样一个复杂系统，现在广泛应用一次反应和二次反应的概念来处理。一次反应是指原料烃在裂解过程中首先发生的原料烃的裂解反应。生成目的产物乙烯、丙烯的反应属于一次反应，这是希望发生的反应，在确定工艺条件、设计和生产操作中要设法促使一次反应的充分进行。二次反应则是指一次反应产物继续发生的后继反应。乙烯、丙烯消失，生成分子量较大的液体产物以至结焦生炭的二次反应，应设法抑制其进行。

2.1.3　烃类热裂解原料性质及评价

生产乙烯的裂解原料范围很广，从乙烷到沸点达560℃的石油馏分均可作为管式炉裂解制乙烯的原料。原料分为气体和液体两大类：气体原料包括油田伴生气、炼厂气和各种其他途径得到的轻烃；液体原料主要来自原油一次或/和二次加工得到的石脑油、轻柴油、减压柴油馏分等。原料组成因产地和加工方法不同差别很大，而组成又对裂解产品分布和工艺有着决定性的影响，因此很难用统一的指标来表征所有原料的裂解特性。针对不同原料，研究者总结了一套采用多种组合表征裂解原料特性的公认指标（见表2-1）。这些指标有原料的化学组成，石油馏分的物性（馏程、密度、平均分子量、特性因素、芳烃指数、折射率等）、含氢量和杂质含量等。这些指标可用色谱、质谱和核磁共振仪和其他专门仪器测定，或由计算式（或图表）和关联式得到。这些指标与原料裂解特性和工艺结果有一定的关联关系。

表2-1　评价裂解原料的参数

评价指标	气体原料 乙烷、丙烷 丁烷、C_5烃	液体原料 石脑油馏分 30~200℃	常压柴油馏分 160~360℃	减压柴油馏分 250~560℃
化学组成				
详细烃组成	●			
烃族组成		●	○	○
$n-P/i-P$	●			
统计平均分子		●	●	
结构族组成		●	●	
氢含量或碳氢比		●	●	●
平均分子量		●	●	●
硫含量	●	●	●	●

评价指标	气体原料 乙烷、丙烷 丁烷、C₅烃	液体原料 石脑油馏分 30～200℃	常压柴油馏分 160～360℃	减压柴油馏分 250～560℃
物性指标				
馏程		●	●	●
相对密度		●	●	●
特性因数		○	●	●
BMCI				
折射率		○	○	○
黏度		○	○	○
残碳、沥青质			●	●
溴价或碘值		○	○	○
其他杂质	○	○	●	●

由于烃类裂解反应使用的原料是组成性质有很大差异的混合物，因此原料的特性无疑对裂解效果起着重要的决定作用，它是决定反应效果的内因，而工艺条件的调整、优化仅是其外部条件。常用的裂解原料评价指标有以下四种：族组成、氢含量、特性因数和芳烃关联指数。下面将一一介绍。

第一个指标是族组成。裂解原料油中各种烃，按其结构可以分为四大族，即链烷烃族、烯烃族、环烷烃族和芳香族。这四大族的族组成以 PONA 值来表示。PONA 值是一个表征各种液体原料裂解性能的有实用价值的参数，烷烃含量越大，芳烃越少，则乙烯产率越高。

第二个指标是氢含量。氢含量可以用裂解原料中所含氢的质量分数表示，也可以用裂解原料中 C 与 H 的质量比表示。根据裂解原料的氢含量既可判断该原料可能达到的裂解深度，也可评价该原料裂解所得 C_4 和 C_4 以下轻烃的收率。氢含量用元素分析法测得，适用于各种原料，用以关联烃原料的乙烯潜在产率。烷烃氢含量最高，芳烃则较低。氢含量越高则乙烯产率越高。表 2 – 2 列出了各种烃的氢含量和氢饱和度。

$$\omega(H_2) = \frac{H}{12C + H} \times 100\% \qquad C 与 H 质量比 = \frac{12C}{H}$$

表 2-2　各种烃的氢含量和氢饱和度

物质名称	分子式	分子量	氢含量/%	氢饱和度（z）
甲烷	C_1H_4	16.04	25	2
乙烷	C_2H_6	30.07	20	2
烷烃	C_nH_{2n+2}	$14n+2$	$(n+1)/(7n+1)\times100$	2
单环环烷烃	C_nH_{2n}	$14n$	14.29	0
双环环烷烃	C_nH_{2n-2}	$14n-2$	$(n-1)/(7n-1)\times100$	-2
三环环烷烃	C_nH_{2n-4}	$14n-5$	$(n-2)/(7n-2)\times100$	-4
烷基苯	C_nH_{2n-6}	$14n-6$	$(n-3)/(7n-3)\times100$	-6
甲苯	C_7H_8	92.13	8.8	-6
苯	C_6H_6	78.11	7.7	-6
苯并环烷	C_nH_{2n-8}	$14n-8$	$(n-4)/(7n-4)\times100$	-8
苯并双环烷	C_nH_{2n-10}	$14n-10$	$(n-5)/(7n-5)\times100$	-10
烷基萘	C_nH_{2n-12}	$14n-12$	$(n-6)/(7n-6)\times100$	-12
萘	$C_{10}H_8$	128.16	6.25	-12
苊	$C_{12}H_{10}$	154.12	6.5	-14
萘并环烷	C_nH_{2n-14}	$14n-14$	$(n-7)/(7n-7)\times100$	-14
三环芳烃	C_nH_{2n-18}	$14n-18$	$(n-9)/(7n-8)\times100$	-18
二苯并环	C_nH_{2n-16}	$14n-16$	$(n-8)/(7n-9)\times100$	-16
蒽	$C_{14}H_{10}$	178.22	5.62	-18
焦			可低到 0.3~0.1	

　　第三个指标是特性因数。特性因数是表征石脑油和轻柴油等轻质油化学组成特性的一种因数，用 K 表示。主要用于液体燃料，K 值可以通过下式算出。K 值以烷烃最高，环烷烃次之，芳烃最低，它反映了烃的氢饱和程度。原料烃的 K 值越大则乙烯产率越高。乙烯和丙烯总体收率大体上随裂解原料 K 值的增大而增加。

$$K = \frac{1.216(T_B)1/3}{d_{15.6}^{15.6}} \qquad T_B = \left(\sum_{i=1}^{n} V_i T_i^{1/3}\right)^3$$

　　各种烃的特性因数如表 2-3 所示。

表2-3　各种烃的特性因数（K）

烃类名称	K	烃类名称	K	烃类名称	K
烷烃		正辛烷	12.68	正丙基环戊烷	11.53
甲烷	19.54	正壬烷	12.67	异丙基环戊烷	11.48
乙烷	18.38	正癸烷	12.68	环己烷	10.99
丙烷	14.71	正十一烷	12.70	甲基环己烷	11.36
正丁烷	13.51	正十二烷	12.74	乙基环己烷	11.37
异丁烷	13.82	正十三烷	12.77	1,1-二甲基环己烷	11.35
正戊烷	13.04	正十四烷	12.81	芳香烃	
新戊烷		正十五烷	12.80	苯	9.73
2,2-二甲基丙烷	13.06	正十六烷	12.90	甲苯	10.15
正己烷	13.39	正十七烷	12.95	乙苯	10.37
2-甲基戊烷	2.82	正十八烷	12.98	邻二甲苯	10.28
3-甲基戊烷	12.83	正十九烷	13.03	间二甲苯	1043
2,2-二甲基丁烷	12.65	正二十烷	13.07	对二甲苯	10.46
2,3-二甲基丁烷	12.64	环烷烃		正丙基苯	10.62
正庚烷	12.72	环戊烷	11.12	异丙基苯	10.57
2-甲基己烷	12.71	甲基环戊烷	11.33	正丁基苯	10.84
3-甲基己烷	12.58	乙基环戊烷	11.40	异丁基苯	1084
3-乙基己烷	12.40	1,2-二甲基环戊烷	11.41	仲丁基苯	10.74

第四个指标是关联指数，即美国矿务局关联指数，简称BMCI，用以表征柴油等重质馏分油中烃组分的结构特性。计算公式如下。

$$BMCI = \frac{48640}{T_V} + 473 \times d_{15.6}^{15.6} - 456.8$$

正构烷烃的关联指数最小（正己烷为0.2），芳烃则相反（苯为99.8），因此烃原料的关联指数越小则乙烯潜在产率越高。中东轻柴油的关联指数典型值为25左右，中国大庆轻柴油约为20。烃类化合物的芳香性愈强，则关联指数愈大，不仅乙烯收率低，而且结焦倾向大。

各原油馏分的关联指数如表2-4所示，可以看出以下规律：

①直链烷烃或结构接近于直链烷烃的支链烷烃（如第二个碳原子上带一个甲基的烷烃），BMCI值接近于零。支链较多的烷烃BMCI值约为10～15，BMCI值随侧链烷基化程度增大而升高。

②单环环烷烃的 BMCI 值稍大，无烷基侧链的单环环烷烃 BMCI 值约为 50（即正己烷和苯之间值的一半），随着单环环烷烃侧链烷基化程度的增大，BMCI 值越小。

③单环芳烃上如有烷基，其 BMCI 值比苯的小，BMCI 值随烷基化程度增大而减少，其规律与环烷烃相同。

④多环芳烃的 BMCI 值高于单环芳环，环越多则 BMCI 值越大。BMCI 值增加的规律与烃类化合物芳香性增强规律是一致的，既正构链烷烃 < 支链烷烃 < 烷基单环环烷烃 < 无烷基单环环烷烃 < 双环环烷烃 < 烷基单环芳烃 < 无烷基单环芳烃（苯系）< 双环芳烃 < 三环芳烃 < 多环芳烃。

表 2-4　各原油馏分的关联指数（BMCI）

序号	油品名称	原油产地	馏程/℃	相对密度（$d_{15.6}^{15.6}$）	BMCI
1	煤油	阿拉伯	204~269	0.805	20.1
2	轻柴油	阿拉伯	182~335	0.830	24.3
3	轻柴油	科威特	229~274	0.832	25.1
4	轻柴油	阿拉伯	207~363	0.844	25.8
5	柴油	委内瑞拉	171~338	0.826	26.7
6	柴油	阿拉伯	219~341	0.836	28.1
7	柴油	阿布扎比	249~363	0.845	29.3
8	柴油	埃斯塞德尔	199~332	0.836	29.5
9	柴油	阿加贾里	199~343	0.848	30.3
10	轻柴油	尼日利亚	171~277	0.8826	31.3
11	柴油	西德克隆	238~346	0.857	33.3
12	重柴油	斯科威特	277~396	0.872	35.0
13	柴油	加什隆南	249~341	0.855	38.1
14	柴油	尼日利亚	210~335	0.854	38.4
15	柴油	尼日利亚	202~343	0.876	43.3
16	轻柴油	中国大庆	172~343	0.807	17.95
17	轻柴油	中国胜利			
18	轻柴油	中国盘锦	223~364	0.8638	39.4
19	减压柴油	中国任丘			26.0

2.1.4　烃类热裂解结果的影响因素

烃类热裂解结果的影响因素有两大方面，烃类族组成对裂解结果起着重要的决定作用，是决定裂解结果的内因，而裂解温度、停留时间和烃分压等工艺条件的调整、优化是决定裂解结果的外部条件。

原料烃组成对裂解结果的影响。原料由轻到重，相同原料量所得乙烯收率下降；原料由轻到重，裂解产物中液体燃料增加，产气量减少；原料由轻到重，联产物量增大，而回收联产物以降低乙烯生产成本的措施，造成装置和投资的增加。

裂解温度对裂解结果的影响。按自由基链式反应机理分析，温度对一次产物分布的影响，是通过影响各种链式反应相对量实现的。在一定温度内，提高裂解温度有利于提高一次反应所得乙烯和丙烯的收率。

从裂解反应的化学平衡也可以看出，提高裂解温度有利于生成乙烯的反应，并相对减少乙烯消失的反应，因而有利于提高裂解的选择性。根据裂解反应的动力学，提高温度有利于提高一次反应对二次反应的相对速度，提高乙烯收率。裂解原料分子越小，活化能和频率因子越大，所需裂解温度越高。

停留时间对裂解结果的影响。管式裂解炉中物料的停留时间是裂解原料经过辐射盘管的时间。过程中常用如下几种方式计算裂解反应的停留时间。

表观停留时间 t_B：$t_B = \dfrac{V_R}{V} = \dfrac{S \cdot L}{V}$

平均停留时间 t_A：$t_A = \displaystyle\int_0^{V_R} \dfrac{dV}{\alpha_V V}$

近似计算停留时间：$t_A = \dfrac{V_R}{\alpha'_V V'}$

从化学平衡的观点看，如使裂解反应进行到平衡，所得烯烃很少，最后生成大量的氢和碳。为获得尽可能多的烯烃，必须采用尽可能短的停留时间进行裂解反应。从动力学来看，由于有二次反应，对每种原料都有一个最大乙烯收率的适宜停留时间。综合来看，短停留时间对生成烯烃有利。

温度 – 停留时间效应。对给定原料而言，裂解深度取决于裂解温度和停留时间。相同原料、相同转化率、不同温度 – 停留时间组合，裂解结果不同。对于给定原料，相同裂解深度时，高温 – 短停留时间的操作会产生以下效果：可以获得较高的烯烃收率，并减少结焦；抑制芳烃生成，所得裂解汽油的收率相对较低；使炔烃收率明显增加，并使乙烯/丙烯比及 C_4 中的双烯烃/单烯烃的比增大。

温度 – 停留时间也存在限制。首先是裂解深度限制。裂解深度增加，结焦量增加，清焦周期缩短。工程中常以 C_5 和 C_5 以上液相产品含氢量不低于 8% 为裂解深度的限度。其次是温度限制，炉管管壁温度受炉管材质的限制。还有热强度限制，随着停留时间的缩短，炉管热通量增加，热强度增大，管壁温度进一步上升。

最后来看压力对裂解结果的影响。从化学平衡角度分析，有如下表达式。当 $\Delta n < 0$ 时，增大反应压力，K_x 上升，平衡向生成产物方向移动；当 $\Delta n > 0$ 时，增大反应压力，K_x 下降，平衡向原料方向移动。

$$K_x = p^{-\Delta n} K_p \qquad \left(\frac{\partial \ln Kx}{\partial p}\right)_T = \frac{-\Delta n}{p}$$

生成烯烃的一次反应，Δn 是 >0 的，而烃聚合缩合的二次反应，Δn 是 <0 的。因此，降低压力有利于提高乙烯平衡组成，有利于抑制结焦过程。

从动力学角度分析，一次反应多是一级反应，而烃类聚合和缩合的二次反应多是高于一级的反应。

$$r_裂 = k_裂 C \qquad\qquad r = kC_A C_B \qquad\qquad r = kC^n$$

压力不能改变反应速率常数，但降低压力能降低反应物浓度。因此降低压力可增大一次反应对于二次反应的相对速率，提高一次反应选择性。

为了降低烃分压，需要添加稀释剂。这样设备在常压或正压操作，安全性高，不会使以后压缩操作增加能耗。稀释剂种类有水蒸气、氢气和惰性气体。

目前较为成熟的裂解方法，均采用水蒸气作稀释剂，其优势如下：①易分离；②热容量大，使系统有较大的热惯性；③抑制硫对镍铬合金炉管的腐蚀；④脱除结碳，抑制铁镍的催化生碳作用。

2.2 乙烯生产工艺与技术

2.2.1 SRT 管式裂解炉

烃类热裂解反应属于强吸热反应，且存在二次反应，所以反应条件需要短停留时间和低烃分压，得到的反应产物为复杂的混合物。在这样的反应特点下，裂解设备的选择及供热方式的设计直接决定了裂解装置的性能和技术水平。

热裂解工艺过程供热方式采用的是间接供热，使用的设备为管式裂解炉（图 2 −1，图 2 −2）。

图 2 −1　乙烯管式裂解炉实物图　　　　图 2 −2　乙烯裂解车间实物图

而多年以来，工业生产在改进热裂解工艺过程中始终遵循以下原则：①扩大裂解原料；②获得最大的乙烯产率；③付出最少的能量。而为了实现这些目标，采用有效的除焦方法和先进的供热和热能回收手段显得至关重要，管式裂解炉的改进和发展则充分体现了热裂解工艺的改进。

在20世纪60年代初期，工业上使用的是SRT－Ⅰ型炉，该炉使用的是双辐射立管，实现了高温、短停留时间的工艺条件。在20世纪60年代中期，使用的是SRT－Ⅱ型炉，该炉采用的是分叉变径炉管，进一步降低了烃分压。在20世纪70年代中期，使用的是SRT－Ⅲ型炉，该炉型炉内管排列增加，提高了热强度，生产能力得到提高。20世纪80年代，采用的是SRT－Ⅳ（四）、Ⅴ（五）、Ⅵ（六）型炉，该炉型采用的是双程带内翅片的多分支变径管，该炉给热系数增加、停留时间缩短，降低了管内热阻，延长了清焦周期。

图2－3所示为管式裂解炉正视图和侧视图，辐射盘管为8－2排列的双程分支变径盘管，第1程为8根炉管，第2程为2根炉管。上部分为冷热物料对流换热，下部分为热致辐射加热。

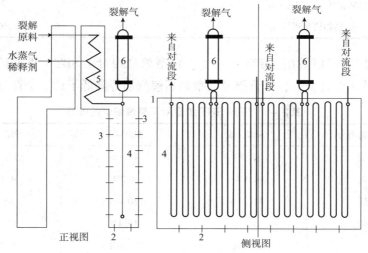

图2－3 SRT型管式裂解炉示意图

1—炉体；2—油气联合烧嘴；3—气体无焰烧嘴；4—辐射段炉管（反应管）；
5—对流段炉管；6—急冷炉管

裂解炉各部分组成如图2－3所示，辐射室周边有侧壁烧嘴和底部烧嘴，用于辐射式加热，在对流室，裂解气对进料物料换热加热。

SRT裂解炉的改进结果：①从侧壁无焰烧嘴改进成了"侧壁烧嘴与底部烧嘴联合"；②盘管结构由多程变成双程，减少了结焦部位，延长了操作周期；③光管改成了"带内翅片管",降低了管内热阻,延长了清焦周期,增大了给热系数;④等径管变成了"分支变径管",增大了比表面积,传热强度增加,缓解了管内压力的增加;⑤材质由 HK-40 变成了 HP-40,提高了受热强度。

由表 2-5 可以看出,等径盘管变成分支变径管后,烃类进料由 740kg/h 变成了 3190kg/h,预测清焦周期由原来 45 天变成了 60 天。

表 2-5 不同辐射盘管裂解工艺性能

总管	盘管 1(等径盘管)	盘管 2(分支管径)
烃进料/(kg/h)	740	3190
出口气体温度/℃	875	833
初期最高管壁温度/℃	972	972
平均停留时间/s	0.09	0.16
压力降/kPa	15	12
平均烃分压/kPa	94	86
出口流速/(m/s)	277	227
出口质量流量/[kg/(m²·s)]	80	70
预测清焦周期/a	45	60

由表 2-6 可以看出,SRT-Ⅵ(六)型炉管相对于 SRT-Ⅲ 型炉,轻烃收率提高了约 3 个百分点,而重组分收率如裂解汽油等降低了约 2 个百分点。

表 2-6 不同 SRT 炉型所得裂解炉管的收率

裂解产物组分	SRT-Ⅲ	SRT-Ⅴ	SRT-Ⅵ
甲烷	18.3%	17.4%	17.35%
乙烷	4.8%	4.2%	4.15%
乙烯	27.95%	30.0%	30.3%
丙烯	14.0%	15.1%	15.25%
C₄	8.95%	9.20%	9.23%
裂解汽油	19.16%	17.56%	17.29%
燃料油	4.25%	3.63%	3.56%
裂解气分子量	28.30	28.02	28.02

如表 2-6 所示,在反应前期,加大热强度是主要矛盾,所以压力降和结焦是次要矛盾,故在反应前期管径小有利于热强度加大,利于裂解原料的热裂解,而在反应后期,防止结焦延长操作周期是主要矛盾,传热是次要矛盾,为避免压

力降过大，故用较大直径，这也是裂解炉用分支变径管的原因所在。

2.2.2 烃类裂解主要产品分布

如示意图2-4所示，裂解原料进入乙烯裂解装置发生热裂解反应后，得到最轻的组分为氢气，接着为 C_1，即甲烷，氢气与甲烷含量约为20%，随后是乙烷、乙烯（含量约为30%），丙烷、丙烯（含量约为15%），混合 C_4（含量约为10%），裂解汽油（含量约为20%），裂解焦油（含量约为5%）。而高纯度的乙烯作为原料进入高压聚乙烯、高密度聚乙烯、全密度聚乙烯、苯乙烯和环氧乙烷装置生产其他产品，环氧乙烷同时联产乙二醇和二乙二醇。而丙烯作为原料进入聚丙烯装置生产聚丙烯产品。混合 C_4 进入丁二烯装置提纯丁二烯，丁二烯用来合成橡胶和生产 MTBE 产品。裂解汽油进入汽油加氢装置加氢处理后，分离出 C_5 和 C_9，而 C_6 到 C_8 的组分再进入芳烃抽提装置，分离出苯、甲苯和二甲苯。

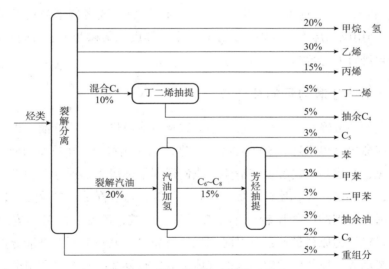

图2-4 烃类热裂解主要产品分布

乙烯三大类产品：第一大类为塑料类，第二大类为合成橡胶类，第三大类为液体化工类。其中塑料类产品最多的为薄膜类产品，而合成橡胶类生产最多的产品为鞋材类产品，液体化工类产品非常丰富，有苯乙烯、乙二醇、环氧乙烷等产品。塑料类注塑产品的应用非常广泛，如饮料杯、儿童玩具、常见日用品等均是塑料类产品。

茂名石化乙烯厂合成橡胶装置有三条生产线，可以生产溶聚丁苯橡胶（SS-BR）、丁苯热塑性弹性体（SBS）、低顺式丁二烯橡胶（LCBR）三大类品种多个牌号的产品。合计生产橡胶产品 18 万吨/年。

茂名石化目前液体化工类产品产量为 165 万吨/年。其中芳烃装置总产量约 50 万吨/年：其中苯的产量 9.4 万吨/年（600t/d），260t/d 生产苯乙烯，剩余外销售生产环乙烷。甲苯的产量 9.0 万吨/年（350t/d），外销售生产油漆。混合二甲苯的产量 8.4 万吨/年，280t/d 外销售。芳烃抽余油的产量 8.5 万吨/年。苯乙烯装置总产量 10 万吨。苯乙烯作合成橡胶的单体。

苯乙烯主要用于生产聚苯乙烯（湛江新中美 8 万吨年/装置）、ABS 树脂和 SAN 树脂、丁苯橡胶（SBR）、丁苯胶乳、不饱和聚酯树脂（UPR）、苯乙烯 – 丁二烯胶乳、苯乙烯化的聚酯和其他共聚树脂。苯乙烯系列产品广泛用于包装、建筑、汽车、家庭用品以及电器产品中。乙二醇/环氧乙烷：总产量 10 万吨/年乙二醇主要用于纤维、薄膜及 PET 树脂。聚酯系列产品耗用的乙二醇占世界产量的 54% 左右，第二大用途是作汽车防冻剂。环氧乙烷的产量 6.8 万吨/年。乙烯裂解 C_5 综合利用：①一般混注汽油成分（C_5 加氢）。②茂名鲁华公司 C_5 树脂，8 万吨/年，利用戊二烯作为弹性体的原料，生产异戊二烯橡胶 1.5 万吨/年。③茂名润丰公司进行 C_5 分离。

2.2.3 预分馏的目的及任务

裂解气的预分馏：预分馏的过程中会涉及急冷换热器，预分馏过程中也会结焦，从反应器出口出来还有 800 ~ 900℃，进入到换热器中，换热器的换热管中还会发生结焦，结焦到一定程度需清焦，我们根据指标清焦。预分馏的工艺过程有两类原料，一类是轻烃，比如乙烷、丙烷、丁烷，这些都是正构烷烃，以它们作为裂解原料，得到的产物比较简单，有氢气、甲烷、乙烯、丙烯，重组分比较少，所以以轻烃为原料进行预分馏时流程比较简单。另一类原料是馏分油，有石脑油、轻柴油等，原料中裂解出来的气体组成比较复杂，有很多重组分，在分离之后就会出现裂解的燃料油，流程比较长（图 2 – 5）。

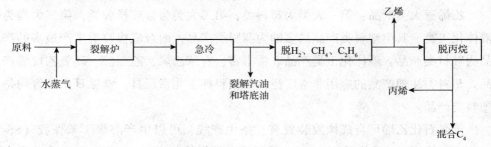

图 2 – 5　简化轻烃裂解示意图

裂解气预分馏主要是为了将裂解炉出口的高温裂解气中的重组分，如燃料油、裂解汽油、水分等通过冷却手段进行分馏，再送至下一步压缩、净化、深冷分离工段。

原料先进到裂解炉里，在800~900℃下进行反应，差不多是裂解炉出口温度。用废热锅炉进行急冷，使用间接急冷的方式，但通过废热锅炉的时间非常快，只有零点零几秒，里面有高温高压裂解气、高压水，换热之后裂解气变成200~300℃的温度就不容易发生热裂解反应了。高压水就变成高温高压水蒸气，回收了高温裂解气的热量。

从废热锅炉出来后还要继续降温，使用水洗塔，实际上就是相当于用水和裂解气直接接触了。水洗后轻的组分就降到40℃左右，能够进入到后面的压缩机。进入水洗塔之后气体变为液相，原来的稀释蒸汽也成为冷凝水，比较重的馏分也变成液相，液相和液相进入油水分离器分开，分出来变为裂解汽油再经过后续处理，水一部分经过冷却作为急冷水进入水洗塔，其余的水进入稀释蒸汽发生器返回到裂解炉。通过这样一个预分馏流程就把裂解气和裂解汽油轻重组分分开，轻组分进入后面的工艺流程，进而达到预分馏的目的（图2-6）。

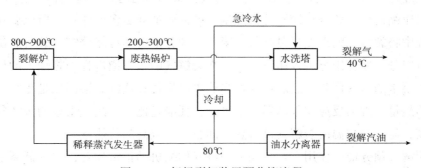

图2-6 轻烃裂解装置预分馏流程

以馏分油为原料，这类燃料比较重，经过裂解之后也是通过废热锅炉进行急冷降温，之后再进入急冷器直接急冷降温到220~300℃进入油洗塔，塔顶温度在100~110℃。100多度的温度，这是水的沸点，实际上水是以气态的形式和轻的裂解气一起进入到下一个体系。塔底是180~200℃，就是燃料油经过气体冷却得到的。一部分出装置，另一部分换热，产生稀释蒸汽，这一步也是属于余热回收，裂解燃料油有180~200℃，这个热量用于加热冷凝水，通过换热变成稀释蒸汽，然后燃料油温度降下来，进入到后面的体系。其流程示意图如图2-7所示。

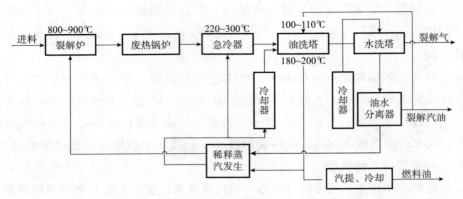

图 2 - 7　馏分油裂解装置裂解气预分馏过程示意图

预分馏在裂解过程中是比较重要的，第一，原料在裂解炉里进行反应，反应之后进行预分馏使反应快速终止，然后让气液组分分开，目的是尽可能降低裂解气的温度，原来 800 多度从裂解炉出来，经过预分馏整个流程出来之后裂解气温度降到 40℃ 左右。第二点因为要进入压缩机，压缩会给气体做功，压力升高的同时温度也在升高，如果进压缩机的温度过高，高温会使很多组分发生聚合反应，出压缩机后还要进行深冷分离降温，就需要消耗更多的能量，所以要在预分馏过程中将裂解气的温度尽量降低。第三点预分馏要尽可能分馏出裂解炉出口出来的重组分，使轻组分进入压缩机里。在裂解气的预分馏过程中将加入的稀释蒸汽以冷凝水的形式回收，然后再经过换热再产生稀释蒸汽。第四点是尽量回收裂解气的热量，因为反应在很高温度下进行，耗能是比较多的，出来的裂解气温度也很高，需要对高温的裂解气进行热量回收，回收高品位热量。

裂解气预分馏的作用有：①保证裂解气压缩机的正常运转，并降低裂解气压缩机的功耗；②减少进入压缩分离系统的进料负荷；③大大减少污水排放量，合理的热量回收；④急冷油用于发生稀释蒸汽，急冷水用于分离系统的工艺加热，减少废水排放。

2.2.4　急冷、结焦与清焦

预分馏主要过程就是急冷。从名字我们可以看出这个过程非常迅速。急冷的目的就是要快速地终止裂解反应，这是它的终极目的。那么回收废热，这是从能量的有效利用来说。因为出来的高温裂解气温度还在 800 ~ 900℃，裂解气离开裂解炉，在这个高温下还会进一步地发生反应，会使停留时间延长，裂解深度增加，目的产物乙烯的收率会下降，结焦会更严重。所以离开裂解炉的裂解气要迅速地冷却到650℃以下。在650℃以下，基本上就不发生二次反应。所以急冷的过程就是快速降温，这会决定整个过程的清焦周期，甚至决定裂解炉使用的周期。而回收废热可以增加裂解炉的热效率。这两个方面会影响全装置的能耗以及原料的单耗。

急冷的方式有两种。一种是直接急冷，直接急冷的冷却介质可以用冷却水或冷却油，又叫急冷水或急冷油。至于是使用哪一种冷却介质要看高温裂解气的组成是什么。如果所用冷却介质与裂解气是直接接触，这种形式传热效果较好，物料非常快就能冷下来，适用于极易结焦的重质烃。那对于这样的重质烃，用间接急冷时间是来不及的，会造成比较严重的生焦，所以要选用直接急冷的方式。间接急冷用到急冷锅炉和废热锅炉。间接急冷是通过换热器回收高温裂解气中大量热量，所用的冷却介质是高压水。高压水吸热之后就得到高压蒸汽。

不同裂解原料，要选用不同的急冷方式。以轻烃为裂解原料，如乙烷，丙烷，丁烷。这类裂解原料，高温裂解气的组成所用的稀释蒸汽含量比较少，急冷的负荷比较小，得到的高温裂解气中重组分的含量也比较少，不易结焦。所以可以选用间接急冷和水直冷，先用一个废热锅炉回收高温位的热能，后面用水直冷进行冷却。以石脑油为裂解原料，它的稀释蒸汽含量是中等，急冷负荷中等，比较容易结焦。选用的急冷方式是间接急冷和油直冷，要用到急冷油。从石脑油开始，比它更重的裂解原料也要用油直冷。为什么不能用水急冷，是因为以石脑油为原料会得到较多的裂解燃料油，它会与水发生乳化，很难破乳，所以要先把裂解燃料油分离出来，用油进行直冷。至于重柴油，容易结焦，如果用一个急冷换热器，比如废热锅炉来回收热量，在换热管上结焦严重，所以只能用油直冷进行冷却终止二次反应。

如何判断结焦，第一可以检查进料压力的变化，因为进料压差与设备压差有关，而结焦影响压差；第二原料进出口的温差不变，如果燃料消耗量增加，说明传热性差，结焦就严重了，热能利用率降低，可间接发现结焦；第三是裂解产物中乙烯的含量下降，二次反应结焦生碳，这是对于裂解炉来说的。结焦后果是传热系数下降，热量利用率低，压差升高，乙烯收率下降，能耗增大。

清焦有几种方法：①停炉清焦：切断进料及出口，用惰性气体或水蒸气清扫管线，再用空气和水蒸气烧焦，碳和氧反应生成一氧化碳、二氧化碳，碳和水反应生成一氧化碳和氢气。②在线清焦：交替裂解法和水蒸气，氢气清焦法，反应得到气相，再切换物料。③其他方法：加入助剂，起到抑制作用。

当出口干气中一氧化碳加二氧化碳含量低于0.2%～0.5%，清焦结束。

裂解汽油是指 C_5 至沸点 204℃ 以下的所有裂解副产物，组成与原料油性质和裂解条件有关。裂解汽油芳烃含量很高，可以从裂解汽油中获取芳烃，还有大量的二烯烃，裂解汽油长时间放置颜色会加深，变黏稠，是因为二烯烃会产生聚合物。裂解汽油不能用作发动机燃料，直接用只能用作燃料油，经一段加氢可作为高辛烷值汽油组分；进行两段加氢，经芳烃抽提分离芳烃产品。

裂解燃料油是指烃类裂解副产的沸点在 200℃ 以上的重组分，其中 200 ~ 360℃ 的馏分是裂解轻质燃料油，360℃ 以上是重质燃料油，主要是控制闪点，轻质燃料油主要成分是杂环芳烃，其中烷基萘含量很高，重组分主要是常压重油馏分。

2.2.5　酸性气体脱除

回收裂解气热量后如何处理，第一是要脱除酸性气体，主要是二氧化碳、硫化氢和其他气态硫化物：①来源于气体裂解原料带入的气体硫化物和二氧化碳；②液体裂解原料中所含的硫化物高温氢解生成的二氧化碳和硫化氢；③原料结炭与水蒸气反应生成一氧化碳和二氧化碳；④裂解炉中有氧进入时，氧与烃类反应生成二氧化碳。酸性气体危害如下：①在深冷分离过程中二氧化碳会变成干冰堵塞管道；②硫化氢会使催化剂中毒，这些都对后面的分离过程是有害的。如果不脱除进入到产品里面，产品达不到规定，使聚合等过程催化剂中毒。

脱除酸性气体的方法有两种：①碱洗法，碱洗法采用 NaOH 来吸收，属于化学吸收，发生化学反应，即二氧化碳与氢氧化钠反应生成碳酸钠和水，另外是硫化氢与氢氧化钠反应生成硫化钠和水。生成新的物质对两个反应都是不可逆反应，反应的平衡常数大，说明用氢氧化钠作吸收剂，可以使二氧化碳、硫化氢脱除得比较干净，对于吸收剂的消耗比较多。②第二种为乙醇胺法，发生的反应为可逆反应。

两种方法优缺点对比：①碱洗法中用的碱氢氧化钠不能再生，所以消耗量大，这种方法适用于酸含量低的情况，而且这种方法碱废水处理量大。优点是脱酸彻底。②乙醇胺法，该方法缺点是对设备要求较高，吸收双烯烃容易发生聚合，优点是吸收剂可再生使用，适用于酸含量较高的情况。

工业上采用分子筛进行脱水，脱水要求至少要达到 1×10^{-6} mg/L 以下；因为在压缩系统中，在段间冷凝过程分离出部分水分，在低温分离系统会结冰，水烃化合物会结晶，堵塞设备及管道。

脱炔要求乙炔含量小于 5×10^{-5}，丙二烯含量小于 5×10^{-5}；脱炔方法有溶剂吸收法和催化加氢法。

脱炔常用的溶剂有二甲基甲酰胺（DMF）、N－甲基吡咯烷酮（NMP）和丙酮，沸点和熔点也是选择溶剂的重要指标，溶剂可吸收裂解气中的乙炔，同时回收一定量的乙炔。

催化加氢法是将裂解气中乙炔加氢成为乙烯或乙烷，由此达到脱除乙炔的目的。

2.2.6　压缩与制冷系统

为什么裂解气需要压缩：裂解气中许多组分在常压下都是气体，其沸点都很低，如甲烷沸点为$-161.4℃$。如果在常压下进行各组分的冷凝分离，则分离温度很低，需要大量冷量。为了使分离温度不太低，可以适当提高分离压力。

压力与温度相互关系：分离操作压力高时，多耗压缩功，少耗冷量，分离操作压力低时，则相反。压力高时，使精馏塔塔底温度升高，易引起重组分聚合，并使烃类的相对挥发度降低，增加分离困难。低压下则相反，塔釜温度低不易发生聚合，烃类相对挥发度大，分离较容易。

裂解气分段多级压缩的好处：①节约压缩功耗。压缩机压缩过程接近绝热压缩，功耗大于等温压缩，若把压缩分为多段进行，段间冷却移热，则可节省部分压缩功，段数愈多，愈接近等温压缩。②降低出口温度。裂解气重组分中的二烯烃易发生聚合，生成的聚合物沉积在压缩机内，严重危及操作的正常进行。二烯烃的聚合速度与温度有关，温度愈高，聚合速度愈快。为避免聚合现象的发生，须控制每段压缩后气体温度不高于$100℃$。③段间净化分离。裂解气经压缩后段间冷凝可除去其中大部分的水，减少干燥器体积和干燥剂用量，延长再生周期。同时还从裂解气中分凝部分C_3及C_3以上的重组分，减少进入深冷系统的负荷，相应节约了冷量。根据工艺要求可在压缩机各段间安排各种操作，如酸性气体的脱除，前脱丙烷工艺流程中的脱丙烷塔等。

深冷分离过程需要制冷剂，制冷是利用制冷剂压缩和冷凝得到制冷剂液体，再在不同压力下蒸发，以获得不同温度级位的冷冻过程。

制冷剂选择：原则上低沸点的物质都可用作制冷剂，而实际选用时，则需选用制冷装置投资低、运转效率高、来源丰富、毒性小的制冷剂。对乙烯装置而言，装置产品为乙烯、丙烯，且乙烯和丙烯具有良好的热力学特性，因而均选用丙烯、乙烯作为装置制冷系统的制冷剂。

常用的制冷剂如表2－7所示。表中的制冷剂都是易燃易爆的，为了安全起见，不应在制冷系统中漏入空气，即制冷循环应在正压下进行。这样各制冷剂的常压沸点就决定了它的最低蒸发温度。在装置开工初期尚无乙烯产品时，可用混合 C_2 馏分暂时代替乙烯作为制冷剂，待生产合格乙烯后再逐步置换为乙烯。

表2-7　工业上常用制冷剂

制冷剂名称	沸点/℃	凝点/℃	蒸发潜热/ (kJ/kg)	临界压力/ MPa	临界温度/ ℃	与空气的爆炸极限（体）/%	
						上限	下限
氨	-33.5	-77.8	1373.27	11.28	192.4	27.0	15.5
丙烯	-42.7	-185.25	437.94	4.61	91.6	11.1	2.0
丙烷	-42.07	-187.69	426.22	4.25	96.67	9.5	2.37
乙烯	-103.71	-169.15	482.74	5.03	9.21	28.6	3.05
乙烷	-88.63	-183.27	489.86	4.88	32.28	12.45	3.22
甲烷	-161.49	-182.48	509.37	4.60	-82.60	15.0	5.0
氢	-252.80	-259.20	454.27	1.30	-239.9	74.2	4.1

乙烯裂解深冷分离所用制冷剂一般为乙烯、丙烯。丙烯沸点为 -42.7℃，温度级位为 -40℃，乙烯沸点为 -103.71℃，温度级位为 -100℃。而工业上也常用甲烷作为制冷剂，甲烷沸点为 -161.49℃，温度级位为 -120~160℃。

表2-8 中列出了五段压缩的裂解气压缩机主要工艺参数，从表中可以看出，每段压缩机裂解气进料温度为 40~44℃，压缩机出口温度为 90~94℃，每段压缩机出口温度不超过 100℃。而第一段裂解气出口排出压力为 292kPa，第二段裂解气出口排出压力为 565kPa，第三段裂解气出口排出压力为 1098kPa，第四段裂解气出口排出压力为 2024kPa，第五段裂解气出口排出压力为 3825kPa。

表2-8　典型裂解气压缩机主要工艺参数

装置规模/ (万吨/年)	段数	吸入流量/ (kg/h)	气体分子量	吸入温度/℃	排出温度/℃	吸入压力/ kPa	排出压力/ kPa	备注
	一	136339	28.4	44	91.9	145	292	
	二	127887	27.9	41	90.7	274	565	工作转速 215 r/min。
30	三	122677	27.4	41	92.8	540	1098	压缩机功率 16406kW，蒸汽透
	四	126181	27.1	40	93.5	982	2024	平机功率18047kW
	五	121166	26.5	41	93.1	1976	3825	

2.2.7　裂解气深冷分离

表2-9中列出了不同裂解原料所得裂解气经过分馏后的组成。

表2-9　不同裂解原料所得裂解气经过分馏后的组成

裂解原料	乙烷	轻烃	石脑油	轻柴油	减压柴油
转化率	65%		中深度	中深度	高深度
$CO + CO_2 + H_2S$	0.19	0.33	0.32	0.27	0.36
H_2O	4.36	6.26	4.98	5.4	6.15
C_2H_2	0.19	0.46	0.41	0.37	0.46
C_3H_4		0.52	0.48	0.54	0.48
C_2H_4	31.51	28.81	26.10	29.34	29.62
C_3H_6	0.76	7.68	10.30	11.42	10.34
H_2	34.00	18.20	14.09	13.18	12.75
CH_4	4.39	19.83	26.78	21.24	20.89
C_2H_6	24.35	9.27	5.78	7.58	7.03
C_3H_8		1.55	0.34	0.36	0.22
C_4 以上	0.27	7.09	10.42	10.30	11.70
平均分子量	18.89	24.90	26.83	28.01	28.38

乙烯裂解后的产品是要送到下游聚合工段作为聚乙烯、聚丙烯等产品的原料来使用的，所以所得乙烯和丙烯原料摩尔纯度百分比要达到99.9%以上，而其他轻组分纯度都有很严格要求，如CO、CO_2含量在5mg/L以下。

精馏分离的流程组织方案就是特指生产乙烯工艺过程中的深冷分离的流程组织方案，按照精馏塔的顺序以及乙炔和丙炔的预处理的方案，将分离流程划分为顺序分离流程、前脱乙烷流程、前脱丙烷流程三大类。

这三大类分离流程组织方案有什么不同呢？我们根据脱乙炔塔的位置来确定。如果脱乙炔塔在脱甲烷塔的前面称为前加氢的方案。如果脱乙炔塔在脱甲烷塔的后面，称为后加氢方案。什么叫前，什么叫后呢？这里是指脱乙炔里面所需要的加氢的这个氢气的来源。脱甲烷塔塔顶出来是氢气和甲烷，前加氢其实就是体系裂解气中自身的氢气对乙炔进行部分的加氢饱和，这叫前加氢。相反，如果脱乙炔塔在脱甲烷塔的后面。这个时候裂解气中的氢气和甲烷在脱乙炔前已经被分离出来了。系统中的乙炔如果要进行加氢饱和，系统没有氢气了，这叫后加氢。

对于顺序分离流程，裂解气经过预分馏之后进入第一个精馏塔是脱甲烷塔，然后再进入脱乙烷塔，随后进入脱丙烷塔再进入脱丁烷塔，按这个顺序来，就叫顺序分离流程。这里脱甲烷塔塔顶出来的是氢气和甲烷。这里 C_1^0 表示含有一个碳原子的饱和烷烃，同时这里没有官能团，就是没有双键，所以它是甲烷。那么这里脱甲烷塔塔底出来组分是 $C_2 \sim C_9$ 的物质，进入脱乙烷塔。脱乙烷塔塔顶出来的 C_2 组分进行加氢饱和脱炔，C_2 组分加氢饱和再进入乙烯精馏塔。得到乙烷和乙烯。$C_3 \sim C_9$ 组分进入脱丙烷塔，C_3 组分加氢饱和后进入丙烯精馏塔得到丙烯和丙烷（图 2 – 8）。

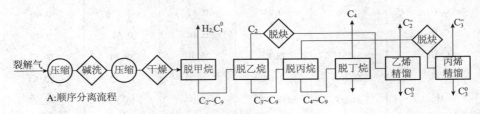

图 2 – 8　裂解气顺序分离流程

第二类前脱乙烷流程（图 2 – 9）。前脱乙烷流程根据净化方案的不同，又分出两种分离方案，第一种是前脱乙烷前加氢分离流程。第二种是前脱乙烷后加氢分离流程。我们说脱乙炔塔在脱甲烷塔的前面这叫前加氢。而后加氢是脱乙炔塔在脱甲烷塔的后面，这两个图里可以很明显地看到氢气的来源。这里还有一个脱炔塔是脱丙炔。我们只看乙炔，净化方案中根据乙炔的位置来判断前加氢和后加氢。大家不要误解为是以丙炔的位置来判断。这里可以看到乙炔塔在甲烷塔的前

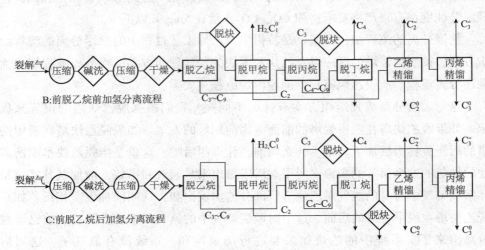

图 2 – 9　裂解气前脱乙烷流程

面。那么其实在乙炔进行加氢饱和的时候，用的氢气是裂解气中的氢气。在这个地方，前面的氢气还没有分离出来，将乙炔加氢饱和完了之后进入脱甲烷塔，才把其中的氢气和甲烷进行分离。这叫前脱乙烷前加氢的分离流程。

反之就是前脱乙烷后加氢的分离流程，就是脱炔塔在甲烷塔的后面，这叫后加氢。因为在脱炔的时候，这个脱炔不是指把乙炔和丙炔脱除，而是进行部分的加氢饱和。

可以看到，在脱甲烷塔里面氢气和甲烷已经被分离了。所以裂解气进入脱炔塔的时候，体系还有少量氢气。这里面的乙炔要进行饱和，这个氢气怎么办？外给。这就是第二类分离方案的组织，前脱乙烷后加氢流程方案。

前脱乙烷典型流程如图 2-10 所示。

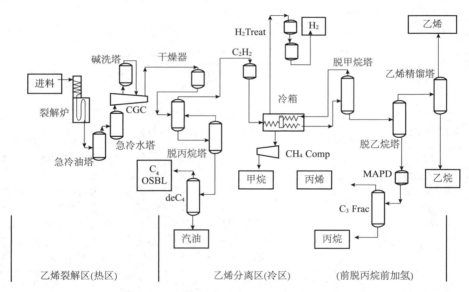

图 2-10 裂解气前脱丙烷前加氢流程示意图

前脱丙烷流程是裂解气经过预处理之后，首先进入第一个精馏塔是脱丙烷塔。所以前脱乙烷和前脱丙烷的判断就是看裂解气经过预分馏出来之后，进入深冷分离工段经过的第一个塔是什么。所以裂解气经过预处理之后，进入第一个塔是脱丙烷塔，叫前脱丙烷流程。这里又分前脱丙烷前加氢流程以及前脱丙烷后加氢流程（图 2-11）。

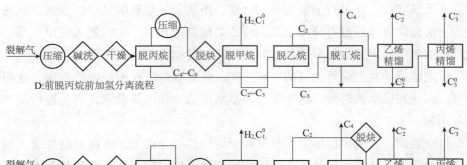

D:前脱丙烷前加氢分离流程

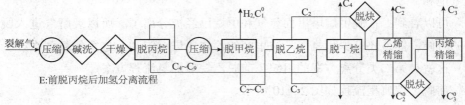

E:前脱丙烷后加氢分离流程

图 2-11　裂解气前脱丙烷流程

深冷分离三大代表性流程的比较如表 2-10 所示。

表 2-10　深冷分离三大代表性流程的比较

比较项目	顺序流程	前脱乙烷流程	前脱丙烷流程
操作中的问题	脱甲烷塔居首，釜温低，不易堵再沸器	脱乙烷塔居首，压力高，釜温高，如 C_4 以上烃含量多，二烯烃在再沸器聚合，影响操作且损失丁二烯	脱丙烷塔居首，置于压缩机段间除去 C_4 以上烃，再送入脱甲烷塔、脱乙烷塔，可防止二烯烃聚合
对原料的适应性	不论裂解气是轻是重，都能适应	不能处理含丁二烯多的裂解气，最适合含 C_3、C_4 烃较多，但丁二烯少的气体，如炼厂气分离后裂解的裂解气	因脱丙烷塔居首，可除去 C_4 及更重的烃，故可处理较重裂解气，对含 C_4 烃较多的裂解气，此流程更能体现出优点
冷量消耗	全馏分进入甲烷塔，加重甲烷塔冷冻负荷，消耗高能位的冷量多，冷量利用不够合理	C_3、C_3 烃不在甲烷塔冷凝，而在脱乙烷塔冷凝，消耗低能位的冷量，冷量利用合理	C_4 烃在脱丙烷塔冷凝，冷量利用比较合理
分子筛干燥负荷	分子筛干燥是放在流程中压力较高温度较低的位置，吸附有利，容易保证裂解气的露点，负荷低	情况同左	由于脱丙烷塔移在压缩机三段出口，分子筛干燥只能在压力较低的位置，且三段出口 C_3 以上重烃不能较多冷凝下来，影响分子筛吸附性能，所以负荷大，费用大

比较项目	顺序流程	前脱乙烷流程	前脱丙烷流程
塔径大小	因全馏分进入甲烷塔，负荷大，深冷塔直径大，耐低温合金钢耗用多	因脱乙烷塔已除 C_3 以上烃，甲烷塔负荷轻，直径小，耐低温合金钢可节省，而脱乙烷塔因压力高，提馏段液体表面张力小，脱乙烷塔直径大	情况介乎前两流程之间
设备多少	流程长，设备多	视采用加氢方案不同而异	采用前加氢时，设备较小

2.3　裂解过程的工艺参数和操作指标

2.3.1　裂解原料

烃类裂解反应使用的原料对裂解工艺过程及裂解产物起着重要的决定性作用。裂解原料氢含量越高，获得 C_4 以下烯烃收率越高，因此烷烃尤其是低碳烷烃是首选的原料。表 2-11 给出了对于 450kt/a 乙烯装置，使用不同裂解原料时的主要技术经济指标。数据表明，原料氢含量下降，造成乙烯收率下降，原料消耗、装置投资、能耗均随之增加。随着原料分子量的增长，副产物增多，因而副产物回收的收益对乙烯生成成本影响很大，这给分离工艺提出更为苛刻的要求，显而易见必须增加装置的投资。

表 2-11　450kt/a 乙烯装置不同裂解原料的主要技术经济指标比较

项目	乙烷	丙烷	丁烷	石脑油	常压柴油	减压柴油
单程乙烯收率/%	48.56	34.45	30.75	28.70	23.60	18.00
乙烯总收率/%	77.0	42.0	42.0	32.46	26.00	20.76
原料消耗量/(万吨/年)	55.52	107.14	128.38	138.63	173	216.78
相对投资	100	114	120	123	143	149
公用工程消耗						
燃料/(MJ/h)	900	1300	1380	1380	1550	1840
电耗/kW	1500	2000	2500	3000	4000	5000
冷却水用量/(m³/h)	31000	31500	32000	32500	34000	41000

国外烃类裂解原料以轻烃（C_4以下）和石脑油为主，几乎占90%左右。而国内重质油、柴油的比例还高达20%以上，有待于进一步优化。

2.3.2 裂解温度和停留时间

2.3.2.1 裂解温度

从自由基反应机理分析，在一定温度内，提高裂解温度有利于提高一次反应所得乙烯和丙烯的收率。理论计算600℃和1000℃下正戊烷和异戊烷一次反应的产品收率如表2－12所示。

表2－12　温度对一次裂解反应的影响

裂解产物组分	收率（以质量计）/%			
	正戊烷裂解		异戊烷裂解	
	600℃	1000℃	600℃	1000℃
H_2	1.2	1.1	0.7	1.0
CH_4	12.3	13.1	16.4	14.5
C_2H_4	43.2	46.0	10.1	12.6
C_2H_6	26.0	23.9	15.2	20.3
其他	17.3	15.9	57.6	50.6
总计	100.0	100.0	100.0	100.0

从裂解反应的化学平衡也可以看出，提高裂解温度有利于生成乙烯的反应，并相对减少乙烯消失的反应，因而有利于提高裂解的选择性。

但裂解反应的化学平衡表明，裂解反应达到反应平衡时，烯烃收率甚微，裂解产物将主要为氢和碳。因此，裂解生成烯烃的反应必须控制在一定的裂解深度范围内。

根据裂解反应动力学，为使裂解反应控制在一定裂解深度范围内，就是使转化率控制在一定范围内。由于不同裂解原料的反应速率常数大不相同，因此，在相同停留时间的条件下，不同裂解原料所需裂解温度也不相同。裂解原料分子量越小，其活化能和频率因子越高，反应活性越低，所需裂解温度越高。

在控制一定裂解深度条件下，可以有各种不同的裂解温度－停留时间组合。因此，对于生产烯烃的裂解反应而言，裂解温度与停留时间是一组相互关联不可分割的参数。而高温－短停留时间则是改善裂解反应产品收率的关键。

2.3.2.2 停留时间

管式裂解炉中物料的停留时间是裂解原料经过辐射盘管的时间。由于裂解管中裂解反应是在非等温变容的条件下进行，很难计算其真实停留时间。工程中常用如下几种方式计算裂解反应的停留时间。

①表观停留时间 表观停留时间 t_B 定义如下

$$t_B = \frac{V_R}{V} = \frac{SL}{V}$$

式中　　V_R、S、L——分别为裂解反应器容积，裂解管截面积及管长；

　　　　　V——单位时间通过裂解炉的气体体积。

表观停留时间表述了裂解管内所有物料（包括稀释蒸汽）在管中的停留时间。

②平均停留时间 平均停留时间 t_A 定义如下

$$t_A = \int_0^{V_R} \frac{dV}{a_V V}$$

式中　　a_V——体积增大率，是转化率、温度、压力的函数；

　　　　　V——原料气的体积流量。

近似计算

$$t_A = \frac{V_R}{a'_V V'}$$

式中　　V'——原料气在平均反应温度和平均反应压力下的体积流量；

　　　　　a'_V——最终体积增大率。

2.3.2.3 温度－停留时间效应

温度－停留时间对裂解产品收率的影响从裂解反应动力学可以看出，对给定原料而言，裂解深度（转化率）取决于裂解温度和停留时间。然而，在相同转化率下可以有各种不同的温度－停留时间组合。因此，相同裂解原料在相同转化率下，由于温度－停留时间不同，所得产品收率并不相同。

图 2-12 为石脑油裂解时，乙烯收率与温度和停留时间的关系。由图可

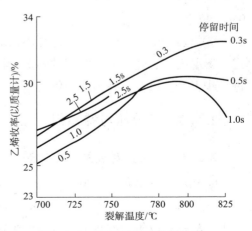

图 2-12 不同温度下乙烯收率随停留时间的变化

见，为保持一定的乙烯收率，如缩短停留时间，则需要相应提高裂解温度。

温度－停留时间对产品收率的影响可以概括如下。

①高温裂解条件有利于裂解反应中一次反应的进行，而短停留时间又可抑制二次反应的进行。因此，对给定裂解原料而言，在相同裂解深度条件下，高温－短停留时间的操作条件可以获得较高的烯烃收率，并减少结焦。

②高温－短停留时间的操作条件可以抑制芳烃生成的反应，对给定裂解原料而言，在相同裂解深度下以高温－短停留时间操作条件所得裂解汽油的收率相对较低。

③对给定裂解原料，在相同裂解深度下，高温－短停留时间的操作条件将使裂解产品中炔烃收率明显增加，并使乙烯/丙烯比及 C_4 中的双烯烃/单烯烃的比增大。

裂解温度－停留时间的限制：

①裂解深度的限定。为达到较满意的裂解产品收率，需要达到较高的裂解深度，而过高的裂解深度又会因结焦严重而使清焦周期急剧缩短。工程中常以 C_5 和 C_5 以上液相产品氢含量不低于 8% 为裂解深度的限度，由此，根据裂解原料性质可以选定合理的裂解深度。在裂解深度确定后，选定了停留时间则可相应确定裂解温度。反之，选定了裂解温度也可相应确定所需的停留时间。

②温度限制。对于管式炉中进行的裂解反应，为提高裂解温度就必须相应提高炉管管壁温度。炉管管壁温度受炉管材质限制。当使用 $Cr_{25}N_{120}$ 耐热合金钢时，其极限使用温度低于 1100℃。当使用 $Cr_{25}Ni_{35}$ 耐热合金钢时，其极限使用温度可提高到 1150℃。由于受炉管耐热程度的限制，管式裂解炉出口温度一般均限制在950℃以下。

③热强度限制。炉管管壁温度不仅取决于裂解温度，也取决于热强度。在给定裂解温度下，随着停留时间的缩短，炉管热通量增加，热强度增大，管壁温度进一步上升。因此，在给定裂解温度下，热强度对停留时间是很大的限制。

2.3.3 烃分压与稀释剂

2.3.3.1 压力对裂解反应的影响

①从化学平衡角度分析

$$K_x = p^{-\Delta n} K_p$$

式中　K_x——以组分摩尔分数表示的平衡常数；

　　　　K_p——以组分分压表示的平衡常数；

p——反应压力。

$$\Delta n = \sum n\,产物 - \sum n\,原料$$

$$\ln K_x = -\Delta n \ln p + \ln K_p$$

$$\left(\frac{\partial \ln K_x}{\partial p} \right)_T = \frac{-\Delta n}{p}$$

$\Delta n < 0$ 时，增大反应压力，K_x 上升，平衡向生成产物方向移动。

$\Delta n > 0$ 时，增大反应压力，K_x 下降，平衡向原料方向移动。

烃裂解的一次反应是分子数增多的过程，对于脱氢可逆反应，降低压力对提高乙烯平衡组成有利（断链反应因是不可逆反应，压力无影响）。烃聚合缩合的二次反应是分子数减少的过程，降低压力对提高二次反应产物的平衡组成不利，可抑制结焦过程。

②从反应速率来分析烃裂解的一次反应多是一级反应或可按拟一级反应处理，其反应速率方程式为

$$r_{裂} = k_{裂} c$$

烃类聚合和缩合的二次反应多是高于一级的反应，其反应速率方程式为

$$r_{聚} = k_{聚} c_n$$

$$r_{缩} = k_{缩} c_A c_B$$

压力不能改变反应速率常数 k，但降低压力能降低反应物浓度 c，所以对一次反应、二次反应都不利。但反应的级数不同影响有所不同，压力对高于一级的反应的影响比对二级反应的影响要大得多，也就是说降低压力可增大一次反应对于二次反应的相对速率，提高一次反应选择性。其比较列于表 2 – 13。

表 2 – 13　压力对裂解过程中一次反应和二次反应的影响

反应	化学热力学因素		化学动力学因素		
	反应后体积的变化	减少压力对提高平衡转化率是否有利	反应级数	减少压力对加快反应速率是否有利	减少压力对增大一次反应与二次反应的相对速率是否有利
一次反应	增大	有利（对断链反应无影响）	一级反应	不利	有利
二次反应	缩小	不利	高于一级反应	更不利	不利

所以降低压力可以促进生成乙烯的一次反应，抑制发生聚合的二次反应，从而减轻结焦的程度。

北京化工研究院通过实验数据关联得到：在一定裂解深度范围内，对相同裂解深度而言，烃分压的对数值与乙烯收率呈线性关系，见图 2－13。

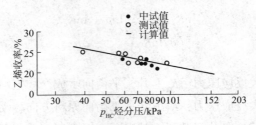

图 2－13　烃分压 p_{HC} 与乙烯收率的关系

图 2－13 所示的关系也可用下式表示：

$$y(C_2^=) = -10.5 \lg p_{HC} + 21.56$$

2.3.3.2　稀释剂

由于裂解是在高温下操作的，不宜于用抽真空减压的方法降低烃分压，这是因为高温密封困难，一旦空气漏入负压操作的裂解系统，与烃气体形成爆炸混合物就有爆炸的危险，而且减压操作对以后分离工序的压缩操作也不利，要增加能量消耗。所以，采取添加稀释剂以降低烃分压是一个较好的方法。这样，设备仍可在常压或正压操作，而烃分压则可降低。稀释剂理论上可采用水蒸气、氢或任一种惰性气体，但目前较为成熟的裂解方法，均采用水蒸气作稀释剂，其原因如下。

①裂解反应后通过急冷即可实现稀释剂与裂解气的分离，不会增加裂解气的分离负荷和困难。使用其他惰性气体为稀释剂时反应后均与裂解气混为一体，增加了分离困难。

②水蒸气热容量大，使系统有较大热惯性，当操作供热不平稳时，可以起到稳定温度的作用，保护炉管防止过热。

③抑制裂解原料所含硫对镍铬合金炉管的腐蚀。

④脱除积碳，炉管的铁和镍能催化烃类气体的生碳反应。水蒸气对铁和镍有氧化作用，抑制它们对生碳反应的催化作用。而且水蒸气对已生成的碳有一定的脱除作用。

$$H_2O + C \Longleftrightarrow CO + H_2$$

水蒸气的稀释比不宜过大，因为它使裂解炉生产能力下降，能耗增加，急冷负荷加大。

2.3.4 裂解深度

2.3.4.1 衡量裂解深度的参数

裂解深度是指裂解反应的进行程度。由于裂解反应的复杂性，很难以一个参数准确地对其进行定量描述。根据不同情况，常常采用如下一些参数衡量裂解深度。

①原料转化率。原料转化率 x 反映了裂解反应时裂解原料的转化程度。因此，常用原料转化率衡量裂解深度。

以单一烃为原料时（如乙烷或丙烷等），裂解原料的转化率 x 可由裂解原料反应前后的物质的量 n_0、n 计算。

$$x = \frac{n_0 - n}{n_0} = 1 - \frac{n}{n_0}$$

混合轻烃裂解时，可分别计算各组分的转化率。馏分油裂解时，则以某一当量组分计算转化率，表征裂解深度。

②甲烷收率。裂解所得甲烷收率 $y(C_1^0)$ 随着裂解深度的提高而增加。由于甲烷比较稳定，基本上不因二次反应而消失。因此，裂解产品中甲烷收率可以在一定程度上衡量反应的深度。

在管式炉裂解条件下，芳烃裂解基本上不生成气体产品。为消除芳烃含量不同的影响，可扣除原料中的芳烃而以烷烃和环烷烃的质量为计算甲烷收率的基准，称为无芳烃甲烷收率。

$$y(C_1^0)_{P+N} = y(C_1^0)/m_{P+N}$$

式中　　$y(C_1^0)_{P+N}$——无芳烃甲烷收率；

　　　$y(C_1^0)$——甲烷收率；

　　　m_{P+N}——烷烃与环烷烃质量分数之和。

③乙烯对丙烯的收率比。在一定裂解深度范围内，随着裂解深度的增大，乙烯收率增高，而丙烯收率增加缓慢。到一定裂解深度后，乙烯收率尚进一步随裂解深度增加而上升，丙烯收率将由最高值而开始下降。因此，在一定裂解深度范围内，可以用乙烯与丙烯收率之比作为衡量裂解深度的指标。但在裂解深度达到一定水平之后，乙烯收率也将随裂解深度的提高而降低。此时，收率比已不能正确反映裂解的深度。

④甲烷对乙烯或丙烯的收率比。由于甲烷收率随反应进程的加深总是增大的，而乙烯或丙烯收率随裂解深度的增加在达到最高值后开始下降。因此，在高

深度裂解时，用甲烷对乙烯或丙烯的收率比衡量裂解深度是比较合理的。

⑤液体产物的氢含量和氢碳比。随着裂解深度的提高，裂解所得氢含量高的 C_4 和 C_4 以下气态产物的产量逐渐增大。根据氢的平衡可以看出，裂解所得 C_5 和 C_5 以上的液体产品的氢含量和氢碳比 $(H/C)_L$ 将随裂解深度的提高而下降。馏分油裂解时，其裂解深度应以所得液体产物的氢碳比 $(H/C)_L$ 不低于 0.96（或氢含量不低于 8%）为限。当裂解深度过高时，可能结焦严重而使清焦周期大大缩短。

⑥裂解炉出口温度。在炉型已定的情况下，炉管排列及几何参数已经确定。此时，对给定裂解原料及负荷而言，炉出口温度在一定程度上可以表征裂解的深度，用于区分浅度、中深度及深度裂解。温度高，裂解深度大。

⑦裂解深度函数。考虑到温度和停留时间对裂解深度的影响，有人将裂解温度 T 与停留时间 θ 按下式关联。

$$S = T\theta^m$$

式中，m 可采用 0.06 或 0.027；S 称为裂解深度函数。

动力学裂解深度函数：如果将原料的裂解反应作为一级反应处理，则原料转化率 x 和反应速率常数 k 及停留时间 θ 之间存在如下关系：

$$\int k\mathrm{d}\theta = \ln\frac{1}{1-x}$$

$\int k\mathrm{d}\theta$ 可以表示温度分布和停留时间分布对裂解原料转化率或裂解深度的影响，在一定程度可以定量表示裂解深度。但是，$\int k\mathrm{d}\theta$ 不仅是温度和停留时间分布的函数，同时也是裂解原料性质的函数。为避开裂解原料性质的影响，将正戊烷裂解所得的 $\int k\mathrm{d}\theta$ 定义为动力学裂解深度函数（KSF）：

$$KSF = \int k_5\mathrm{d}\theta = \int A_5\exp\left(\frac{-E_5}{RT}\right)\mathrm{d}\theta$$

式中　k_5——正戊烷裂解反应速率常数；

　　　A_5——正戊烷裂解反应的频率因子；

　　　E_5——正戊烷裂解反应的活化能。

显然，动力学裂解深度函数 KSF 是与原料性质无关的参数，它反映了裂解温度分布和停留时间对裂解深度的影响。此法之所以选定正戊烷作为衡量裂解深度的当量组分，是因为在任何轻质油中，均有正戊烷，且在裂解过程中正戊烷含量只会减少，不会增加，选它作当量组分，足以衡量裂解深度。

2.3.4.2　裂解深度各参数关系

在表 2-14 的裂解深度各项指标中，科研和设计最常用的有动力学裂解深度函数 KSF 和转化率 x，在生产上最常用的有出口温度 T_{out}，它们之间存在着一定的关系，可以进行彼此的换算。

表 2-14　裂解深度的常用指标

裂解深度指标	适用范围	特点	局限
原料转化率 c	轻烃	容易分析测定	对于重馏分油原料由于反应复杂，不易确定代表组分
甲烷收率 $y(C_1^0)$	各种原料	容易分析测定	反应初期甲烷收率低
乙烯对丙烯收率比 $\dfrac{y(C_2^=)}{y(C_3^=)}$	各种原料	容易分析测定	不宜用于裂解深度极高时
甲烷对丙烯收率比 $\dfrac{y(C_1^=)}{y(C_3^=)}$	各种原料	容易分析测定，在裂解深度高时，特别灵敏	裂解深度较浅时不敏感
液体产物氢碳原子比 $(H/C)_L$	较重烃	可作为液相脱氢程度和引起结焦倾向的量度	轻烃裂解，液体产物不多时，用于指标无优点
出口温度 T_{out}	各种原料	测量容易	不能用于不同炉型和不同操作条件的比较
裂解深度函数 S	各种原料	计算简单	不能用于停留时间过长情况
动力学裂解深度函数 KSF	各种原料	结合原料性质、温度和停留时间三个因素	不能用于停留时间过长情况

①动力学裂解深度函数与转化率的换算：

$$KSF = \int_0^\theta k_5 \mathrm{d}\theta$$

由于烃类裂解主反应按一级反应处理，即 $-\dfrac{\mathrm{d}c}{\mathrm{d}\theta} = k_5 c$

对于等温反应，有

$$KSF = k_5\theta = \ln\frac{1}{1-x_5} = -\ln(1-x_5) \text{ 或}$$

$$x_5 = 1 - \exp(-KSF)$$

上两式把动力学裂解深度函数 $k_5\theta$ 与转化率 x_5 联系起来了，可以实现彼此之间的换算。上式是很有用的，当馏分油裂解中无法测定其反应速率常数 k 时，可以由转化率 x_5 通过上式计算出 k。

②动力学裂解深度函数与出口温度的关系。用动力学裂解深度函数衡量裂

深度较全面地考虑了温度和停留时间的影响。但对实际生产而言，调节裂解炉出口温度却是控制裂解深度的主要手段。因此，建立动力学裂解深度函数与炉出口温度 T_{out} 的关系具有实际意义。

如以炉出口温度 T_{out} 为参考温度，在此温度下的反应速率常数为 k_T，则可定义一个当量停留时间 θ_T

$$KSF = \int k\mathrm{d}\theta = k_T\theta_T$$

根据 Arrhenius 方程：

$$\ln k_T = B - \frac{C}{T_{out}}$$

因此

$$\ln KST = B - \frac{C}{T_{out}} + \ln\theta_T$$

式中 B、C 为与频率因子和活化能有关的常数，由阿累尼乌斯方程求出。由上式看出，若当量停留时间不变，$\ln KSF$ 与 $1/T$ 成正比。在不同的恒定当量停留时间条件下，动力学裂解深度函数 KSF 与裂解炉出口温度的关系如图 2 - 14 所示。

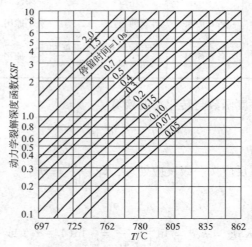

图 2 - 14 裂解深度与炉出口温度和停留时间的关系

第3章 芳烃生产技术

3.1 芳烃来源与生产

3.1.1 芳烃的来源

芳烃最初全部来源于煤焦化工业。由于有机合成工业的迅速发展，芳烃的需求量上升，煤焦化工业生产的芳烃在数量上、质量上都不能满足要求。因此许多工业发达国家开始发展以石油为原料生产石油芳烃，以弥补不足。石油芳烃发展至今，已成为芳烃的主要来源，约占全部芳烃的80%。来源构成如表3-1。

而石油芳烃主要来源于石脑油重整生成油及烃裂解生产乙烯副产的裂解汽油，其芳烃含量与组成见表3-1。从表可以看出，催化重整油中，芳烃含量为50%~72%，裂解汽油芳烃含量也可达到这个值。当然，由于每一个国家的资源不同，裂解汽油生产的芳烃在石油芳烃中比重也不同，如美国乙烯生产大部分以天然气凝析液为原料，副产芳烃很少，因此美国的石油芳烃主要来自催化重整油。

表3-1 芳烃来源构成 %

分布	石油		煤焦化
	催化重整油	裂解汽油	
美国	79.6	19.1	4.0
西欧	49.4	44.8	5.9
日本	37.8	52.2	10.0

3.1.2 芳烃生产

一是焦化芳烃的生产。在高温作用下，煤在焦炉炭化室内进行干馏时，煤质发生一系列的物理化学变化。除生成75%的焦炭外，还副产粗煤气约25%，其中粗苯约占1.1%，煤焦油约占4.0%。粗煤气中含有多种化学品，其组成与数量随炼焦温度和原料配煤不同而有所波动。粗煤气经初冷、脱氨、脱萘、终冷后，进行粗苯回收。粗苯由多种芳烃和其他化合物组成，主要组分是苯、甲苯和二甲苯。具体组成见表3-2。

表3-2　粗苯组成　　　　　　　　　　　　　　　　　　　　%

组成	苯	甲苯	二甲苯	C_9芳烃	不饱和烃	硫化物		饱和烃
						CS_2	噻吩	
质量分数	55~75	11~22	2.5~6	1~2	3.9~8.3	0.3~1.4	0.2~1.6	0.6~1.5

二是石油芳烃生产。以石脑油和裂解汽油为原料生产芳烃的过程如图3-1所示，可分为反应、分离和转化三部分。

①催化重整生产芳烃。催化重整是炼油工业主要的二次加工装置之一，它用于生产高辛烷值汽油或BTX等芳烃，其中约10%的装置用于生产芳烃产品。自美国环球油品公司第一套铂重整装置工业化应用以来，催化重整工艺和催化剂都有了许多改进与提高。例如半再生式重整装置上应用催化剂定向装填、催化剂在线取样、原料油中控制硫含量，两段混氢、循环再生等。

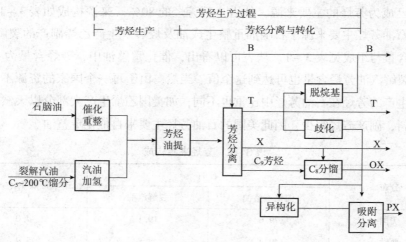

图3-1　石油芳烃生产过程

②乙烯是石油化工最重要的基础原料之一。随着乙烯工业的发展，副产的裂解汽油已是石油芳烃的重要来源。当以石脑油为原料时，裂解汽油含40%~60%的C_6~C_9芳烃。

③轻烃芳构化与重芳烃的轻质化催化重整和高温裂解的原料主要都是石脑油，而石脑油同时也是生产汽油的重要原料。由于汽油日益增长的需求，迫使人

们不得不寻找石脑油以外的生产芳烃的原料。目前正在开发的一是利用液化石油气和其他轻烃进行芳构化，二是使重芳烃进行轻质化。重芳烃轻质化一般采用热脱烷基或加氢脱烷基技术。

最后，需要强调的是，由于芳烃在化工原料中所占有的重要地位，其生产技术的发展受到了广泛重视。近年来在开辟新的原料来源，开发新一代更高水平的催化剂和工艺，提高芳烃收率和选择性等方面都取得了长足的技术进步，大大提高了芳烃生产的技术水平。

3.2　芳烃用途

芳烃是含苯环结构的碳氢化合物的总称。芳烃中的"三苯"（苯、甲苯和二甲苯，简称 BTX）和烯烃中的"三烯"（乙烯、丙烯和丁二烯）是化学工业的基础原料，具有重要地位。芳烃中以苯、甲苯、二甲苯、乙苯、异丙苯、十二烷基苯和萘最为重要，这些产品广泛应用于合成树脂、合成纤维、合成橡胶、合成洗涤剂、增塑剂、染料、医药、农药、炸药、香料、专用化学品等工业。对发展国民经济、改善人民生活起着极为重要的作用。

芳烃类产品主要有三苯，包括苯、甲苯、二甲苯；混合二甲苯，即乙苯和三个二甲苯异构体组成的混合物（统称 C_8 芳烃）；其他还有异丙苯、十二烷基苯和萘。

化学工业所需的芳烃主要是苯、甲苯及二甲苯。苯的用途如图 3－2 所示。

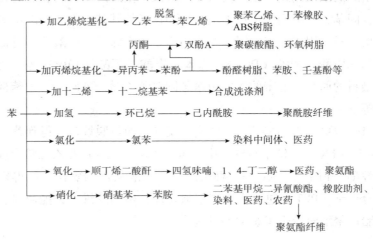

图 3－2　苯的用途

苯用来合成苯乙烯、苯酚、十二烷基苯、环己烷、氯苯、顺丁烯二酸酐、苯胺等。再通过一系列过程，可以得到聚苯乙烯、丁苯橡胶、ABS 树脂、聚碳酸酯（PC）、洗涤剂、聚酰胺纤维、染料中间体、医药、农药、聚氨酯纤维等。

甲苯不仅是有机合成的优良溶剂，而且可以通过硝化、歧化、氯化、脱烷基、还原等反应合成染料中间体、苯、医药、二甲苯增塑剂、甲苯二异氰酸酯等。甲苯二异氰酸酯是合成聚氨酯类泡沫塑料、聚氨酯橡胶的原料（图 3 - 3）。

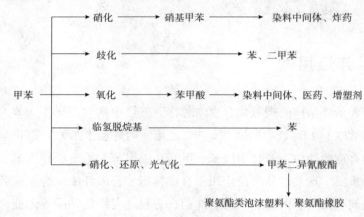

图 3 - 3　甲苯的用途

二甲苯和乙苯同属 C_8 芳烃，二甲苯异构体分别为对二甲苯 PX、间二甲苯 MX 和邻二甲苯 OX。对二甲苯主要用于生产对苯二甲酸，对苯二甲酸与乙二醇反应生成的聚酯用于生产纤维、胶片和树脂，是最重要的合成纤维和塑料之一。

间二甲苯的主要用途是生产间苯二甲酸及少量的间苯二腈，后者是生产杀菌剂的单体，间苯二甲酸则是生产不饱和聚酯树脂的基础原料。间二甲苯也可通过异构化以增产对二甲苯。邻二甲苯主要用途是生产邻苯二甲酸酐，进而生产增塑剂，如邻苯二甲酸二辛酯（DOP）、邻苯二甲酸二丁酯（DBP）等，还可用作生产医药和染料的原料。乙苯的主要用途是制取苯乙烯，进而生产丁苯橡胶和聚苯乙烯塑料等。

由萘氧化也可以得到邻苯二甲酸酐，烷基萘通过脱烷基可得到萘（图3 - 4）。

图 3 - 5 为 PX 产业链示意图。由对苯二甲酸（PTA）和乙二醇生成聚对苯二甲酸乙二醇酯（PET），PET 是一种聚酯。乙二醇从乙烯氧化，所得环氧乙烷再经催化水合得到。PET 是进一步生产聚酯切片、聚酯纤维、聚酯薄膜、聚酯中空容器和轮胎用聚酯浸胶帘子布的原材料。

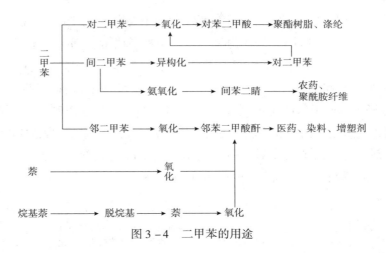

图 3 - 4　二甲苯的用途

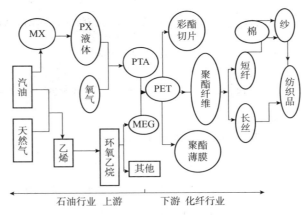

图 3 - 5　PX 产业链示意图

聚酯 PET 的用途不仅局限于纤维，并且拓展到各类容器、包装材料、薄膜、胶片、工程塑料等领域。随着世界聚酯消费量的不断增长，PX 的消耗也随之稳步增长（图 3 - 6）。

聚酯纤维　　　服装　　　　聚酯切片　　　　空气滤筒　　　　吸音板

图 3 - 6　聚酯 PET 的用途

C_9 芳烃组分中，异丙苯用于生产苯酚/丙酮的量最大，但在 C_9 芳烃组分中的含量太低，故工业上均由苯烃化法生产。偏三甲苯主要用于生产偏苯三酸，进而制取优质增塑剂、醇酸树脂涂料、聚酰亚胺树脂、不饱和聚酯、环氧树脂的固化剂等。相当数量的偏三甲苯还用于维生素 E 等药品的生产。均三甲苯用于生产均苯三酸（进而制醇酸树脂和增塑剂）以及染料中间体、橡胶和塑料等的稳定剂（图 3-7）。

C$_{10}$芳烃中均四甲苯的主要用途是生产均苯四酸酐，进而制取聚酰亚胺等耐热性树脂，大量用于国防和宇航工业等尖端部门，也用作环氧树脂的固化剂和耐高温增塑剂。对二乙苯用作对二甲苯吸附分离中的脱附剂。萘主要用于生产染料、鞣料、润滑剂、杀虫剂、防蛀剂等（图 3-8）。

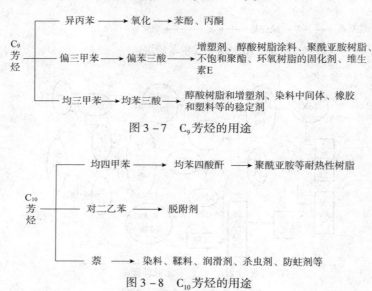

图 3-7 C$_9$芳烃的用途

图 3-8 C$_{10}$芳烃的用途

3.3 汽油加氢

汽油加氢将裂解来的加氢料，进行两段加氢，生产出适合芳烃抽提装置原料的混合芳烃及 C$_5$、C$_9$ 副产品。该单元采用法国 IFP 公司固定床催化加氢技术。设计处理能力为 23 万吨/年，设计运行时间 7200h/a（图 3-9）。

前脱戊烷塔（T-710）：

①从罐区或裂解装置来的裂解汽油，经过进料过滤器（Z-705）进入缓冲罐（V-700）脱除游离水。

②脱除游离水后的裂解汽油经 P-700 进入前脱戊烷塔（T-710），塔顶分离出轻组分裂解 C$_5$，回流罐（V-710）气体由排放压力控制阀控制进入酸火炬。

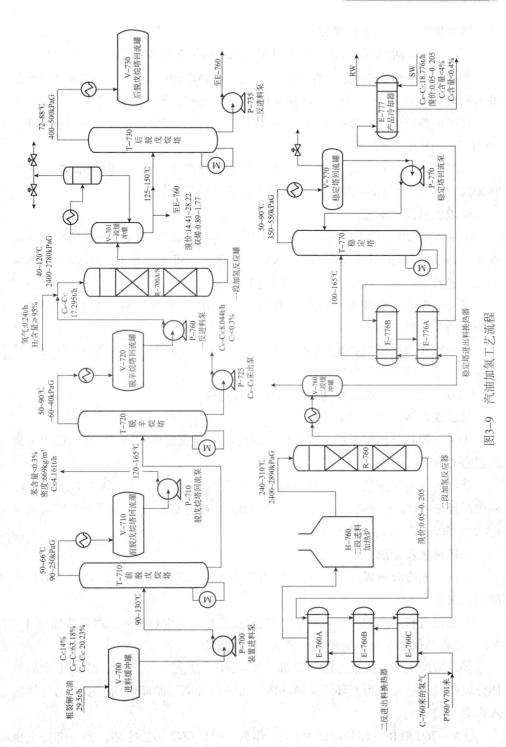

图3-9 汽油加氢工艺流程

脱辛烷塔（T-720）部分：

①前脱 C$_5$ 塔塔釜分离出 C$_5$ 以上重组分进入脱辛烷塔 T-720。

②从 T-720 顶部分离出的中心馏分 C$_6$～C$_8$ 经塔顶冷却器（E-720）冷却后进入回流罐（V-720），塔顶压力由抽真空系统及自力补氮系统控制。

③回流罐液体一部分作为回流返回 T-720，另一部分经一段进料高速泵 P-760 加压后作为一段反应进料。

④塔釜分离出 C$_9$ 重组分裂解重塔釜油作为副产品进入 C$_9$ 燃料油罐（TK-8500），或塔釜分离出 C$_9$ 以上重组分作为苯乙烯抽提原料。

一段加氢反应部分：

①从 V-720 来的 C$_6$～C$_8$、V-710 来的 C$_5$，与新鲜氢气、一段循环稀释油混合，经一反进/出料换热器（E-700）换热后，进入一段加氢反应器（R-700），进行一段加氢反应，除去双烯烃和苯乙烯。

②一段反应产物进入一段热分离罐（V-701）进行闪蒸，脱除不凝气后，液相分为两股料。

③一股作为循环液经循环油冷却器（E-703）冷却后再分成循环油、急冷油返回一段反应器控制床层温升。

④另一股作为后脱戊烷塔（T-730）的进料。

后脱戊烷塔（T-730）部分：

①从一段热分离罐来的一段反应产物进入后脱戊烷塔（T-730），塔顶分离出混合 C$_5$ 轻组分。

②经回流泵加压后，一部分作为塔回流返回 T-730（3），另一部分作为 C$_5$ 副产品经 E-711 冷却后送往 TK-8250A/B；塔底分离出 C$_6$～C$_8$，经二段进料泵 P-735 作为二段反应器进料。

二段加氢反应部分

①从一段冷分离罐（V-702）来的氢气和从二段反应分离罐（V-760）来的循环气。

②二段进料加热炉（H-760）加热到反应所需温度后进入二段反应器（R-760）进行烯烃加氢及加氢脱硫、脱氧、脱氮反应。

③二段反应产物进入二段分离罐（V-760）进行气液分离，分离出来的气体分成两股，一股作为循环气去循环压缩机入口分离罐循环使用，多余的气体进入火炬。

④V-760 液相一部分可经 P-761 作为二段反应器的急冷油，另一部分去稳

定塔（T-770）进行汽提。

稳定塔（T-770）部分

①从 V-760 来的液体经 T-770 进/出料换热器（E-776A/B）换热后进入 T-770。

②塔顶分离出的气相经冷却器 E-770 冷却后进回流罐（V-770）。

③脱除的 H_2S 及不凝气在压力控制下去酸火炬或 1#裂解装置的 V-310。

④液体全回流至 T-770（组分较轻的部分去 V-710 或 C_5 产品罐）。

⑤塔釜得到稳定产品混合芳烃，送到混合芳烃罐 TK-8400A/B 或 TK-8300A/B。

3.4 芳烃抽提

以石脑油和裂解汽油为原料生产芳烃的过程可分为反应、分离和转化三部分。图 3-1 中的芳烃抽提、芳烃分馏则是分离部分。由催化重整和加氢精制裂解汽油得到的含芳烃馏分都是由芳烃与非芳烃组成的混合物。由于碳数相同的芳烃与非芳烃的沸点非常接近，有时还会形成共沸物，用一般的蒸馏方法是难以将它们分离的。为了满足对芳烃纯度的要求，目前工业上实际应用的主要是溶剂萃取法和萃取蒸馏法。

抽提过程所使用溶剂的性能是影响芳烃抽提的关键因素，因此，选择一种理想的液液抽提溶剂一直是芳烃工业的重要课题。

液液抽提实际上是萃取的过程，对抽提溶剂的基本要求是

①溶剂对芳烃有足够大的溶解能力。

②溶剂对芳烃和非芳烃的族选择性高、轻重选择性适宜。

③溶剂与抽提原料有较大的密度差，即要求溶剂相对密度较大，易于两相分离。

④溶剂与芳烃有较大的沸点差，即要求溶剂沸点较高，以利于富溶剂中芳烃与溶剂的分离。

⑤溶剂的比热容小、汽化潜热小，以利于降低抽提过程的能耗。

⑥凝点低、黏度小，易于传质和输送。

⑦化学稳定性和热稳定性好，以降低溶剂消耗。

在各种抽提溶剂中，以环丁砜的相对密度最大，达到 1.26；甘醇类溶剂黏度比较高，二甲亚砜黏度最低，环丁砜居中；热稳定性以四甘醇和环丁砜最优，二

甲亚砜较差；环丁砜比热容最小，其他溶剂相差不多；汽化潜热以四甘醇和环丁砜比较低。综合抽提过程对溶剂的要求和以上溶剂的一般性质数据，四甘醇和环丁砜优点较多，是较理想的抽提溶剂。

芳烃抽提所依据的原理是由于烃类各组分在溶剂中的溶解度不同，即当环丁砜溶剂与原料在抽提塔中接触时，溶剂对原料中的芳烃和非芳烃进行选择性溶解，从而形成组成不同和密度不同的两个相；两相在抽提塔中液相混合物产生逆流接触，从而把芳烃和非芳分离开来。再利用溶剂与烃类的沸点不同将溶剂与烃分离，得到所需的烃类。

环丁砜溶剂能选择性地溶解芳烃和部分非芳烃，各族烃类在环丁砜的溶解度大小的次序：芳烃 > 烯烃 > 环烷烃 > 烷烃。通常是利用轻质芳烃置换轻质非芳烃，轻质非芳置换重质非芳烃，从而确保重质非芳烃的有效分离，以提高抽提油的质量。较高的温度下，富含芳烃的环丁砜溶剂（富溶剂）在回收塔中实现芳烃与溶剂的分离，从而获得较纯的芳烃和环丁砜溶剂，达到芳烃与非芳烃分离的目的。

本节所讲芳烃抽提装置以汽油加氢装置分离出来的加氢汽油作为原料，从中分离得到苯、甲苯、混二甲苯产品，并生产副产品抽余油、重芳烃。芳烃抽提装置分抽提蒸馏单元、抽提、精馏和罐区 4 个部分。正常时装置新旧线一起运行，新线产出绝大部分苯和部分抽余油，旧线产出少量苯、甲苯、二甲苯、抽余油和重芳烃，新旧线产出的苯和抽余油汇合后一起入产品罐。在装置原料短缺或新裂解大修的情况下，为节能降耗，装置可停下新线，单开旧线，然后产出三苯、抽余油、重芳烃。

抽提蒸馏单元采用环丁砜抽提蒸馏工艺，利用溶剂对 C_6 馏分中各组分相对挥发度影响的不同，通过萃取精馏实现苯与非芳烃分离的过程。溶剂和 C_6 馏分在抽提蒸馏塔接触形成气液两相，由于溶剂与芳烃的作用力更强，使非芳烃富集于气相，于塔顶排出；芳烃富集于液相并被提纯于塔底排出。富集芳烃的液相进入溶剂回收塔，在塔内进行芳烃与溶剂的分离，溶剂循环使用。

芳烃抽提装置工艺流程图如图 3 – 10 所示。塔 T401 为馏分切割塔，从裂解加氢混合芳烃 $C_6 \sim C_8$ 馏分中切割出 C_6 馏分作为抽提蒸馏的原料，中部切割出 $C_6 \sim C_8$ 作为液 – 液抽提的原料，塔底切割出 C_8 以上馏分到 T – 201。T401 塔顶 C_6 馏分进入抽提蒸馏塔 T402，该塔是利用溶剂（环丁砜）分离苯和非芳烃的主要设备，溶剂与进料烃类在塔内进行多级抽提精馏，塔内为汽液两相操作。溶剂和 C_6 馏分分别由塔的上部和中部打入，塔的顶段（溶剂进料口以上）为溶剂回收段，

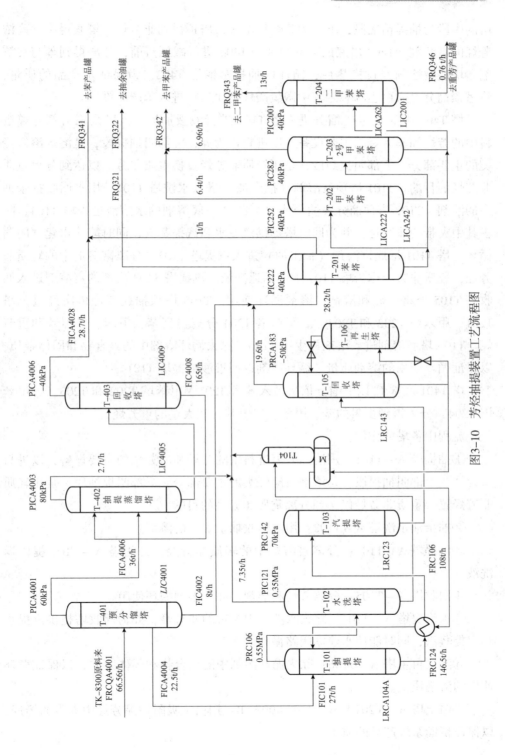

图3-10 芳烃抽提装置工艺流程图

塔的中段为抽提精馏段，下段为芳烃提浓段，塔顶得到非芳烃，塔底得到含高浓芳烃的富溶剂。T402 塔底的富溶剂到塔 T403 进行减压蒸馏，分离得到苯与贫溶剂。塔底贫溶剂经过换热后，循环回抽提蒸馏塔 T402；为保证苯产品的质量，将塔顶馏分送入白土罐脱除其中微量酸性物质后再进入苯产品罐。

塔 T401 中部 $C_6 \sim C_8$ 馏分进入塔 T101 进行液液抽提，该塔是用溶剂分离进料中的芳烃和非芳烃的主要设备，以进料口为界，上部叫抽提段，是溶剂溶解烃类的主要部分，下部叫提纯段，是用轻质非芳烃置换重质非芳烃以达到分离重质非芳烃的目的。T101 塔顶贫溶剂（抽余油）进入水洗塔 T102，用水回收抽余油中的溶剂，T102 塔顶馏分去抽余油罐。T102 塔底溶剂的水溶液进入塔 T104，除去其中夹带的非芳烃，并为回收塔提供汽提水和汽提蒸汽，同时能使水建立闭路循环。塔 T101 塔底富溶剂（抽出油）进入汽提塔 T103，分离富溶剂中的轻质非芳烃，轻质非芳烃作为塔 T101 下部的返洗液。汽提塔 T103 底部的富溶剂进入回收塔 T105 分离芳烃和溶剂，溶剂循环使用。T105 塔顶抽提芳烃依次经过苯塔 T201、甲苯塔 T202 和 T203、二甲苯塔 T204 分离得到苯、甲苯、二甲苯和重芳烃。T105 塔底溶剂进入溶剂再生塔 T106，除去循环溶剂中的聚合物和固体杂质，以保证循环使用的溶剂质量，循环溶剂返回液液抽提塔 T101。

塔 T401 底部 C_8 以上馏分依次进入苯塔 T201、甲苯塔 T202 和 T203、二甲苯塔 T204，分离得到少量的苯、甲苯、二甲苯，较大量的重芳烃。

流程中各塔的作用：

①抽提塔 A – T101：用溶剂分离进料中的芳烃和非芳烃的主要设备，以进料口为界，上部叫抽提段，是溶剂溶解烃类的主要部分，下部叫提纯段，是用轻质非芳烃置换重质非芳烃以达到分离重质非芳烃的目的。

②抽余油水洗塔 A – T102：用水回收抽余油中的溶剂。

③汽提塔 A – T103：分离富溶剂中的轻质非芳烃，并为塔 A – T101 提供返洗液。

④回收塔 A – T105：分离芳烃和溶剂，并使溶剂循环使用。

⑤水汽提塔 A – T104：除去水洗水中夹带的非芳烃，并为回收塔提供汽提水和汽提蒸汽，同时能使水建立闭路循环。

⑥溶剂再生塔 A – T106：除去循环溶剂中的聚合物和固体杂质，以保证循环使用的溶剂质量。

⑦白土塔 A – V201A/B、A – V409A/B：用白土吸附抽提芳烃中夹带的烯烃，以保证精馏系统产品的质量。

⑧苯塔 A – T201：分离抽提芳烃中的苯产品。

⑨1#、2#甲苯塔 A – T202、A – T203：分离苯塔底过来的混合芳烃中的甲苯产品。

⑩二甲苯塔 A – T204：分离1#、2#甲苯塔底过来的混合芳烃中的二甲苯产品

⑪预分馏塔（A – T401）：该塔为馏分切割塔，从裂解加氢混合芳烃 C_6 ~ C_8 馏分中切割出 C_6 馏分作为抽提蒸馏的原料，中部切割出 C_6 ~ C_8 作为液 – 液抽提的原料，塔底切割出 C_{8+} 以上馏分到 T – 204 或 V – 201。

⑫抽提蒸馏塔（A – T402）：该塔是利用溶剂分离苯和非芳烃的主要设备，溶剂与进料烃类在塔内进行多级抽提精馏，塔内为汽液两相操作。溶剂和 C_6 馏分分别由塔的上部和中部打入，塔的顶段（溶剂进料口以上）为溶剂回收段，塔的中段为抽提精馏段，下段为芳烃提浓段，塔顶得到非芳烃，塔底得到含高浓芳烃的富溶剂。

⑬溶剂回收塔（A – T403）：来自抽提蒸馏塔 A – T402 塔底的富溶剂在此塔内进行减压蒸馏，分离得到苯与贫溶剂。塔底贫溶剂经过换热后，循环回抽提蒸馏塔 A – T402，为保证苯产品的质量，将其送入白土罐脱除其中微量酸性物质后再进入苯检验罐。

3.5　PX 产业链

我国为什么要发展 PX 产业链？原因有以下几点：①PX 与我们日常生活密切相关，是最重要的化工原料；②PX 解决了自然纤维与粮食争地的问题；③美国、韩国、日本、印度、新加坡和泰国等许多国家都不余力地发展 PX；④我国已成为世界化纤品生产第一大国和出口大国，合成纤维生产需要大量的 PX。2013 年国内 PX 自给率已降至47%，未来缺口还将进一步加大。如果不大力发展 PX，就会受制于人，还会影响国家经济的安全。

3.5.1　PX 的基本知识

PX 是英语单词 para – xylene 也就是对二甲苯的缩写，PX 像水一样，无色透明，但又变化多端，它可以用来做矿泉水瓶，也可以来做衣服。很多人一谈到 PX，便如临大敌，在众多 PX 项目中，最出名的当属 2007 年厦门的 PX 项目。其中的一条短信更是引发了轩然大波，短信的内容是："翔鹭集团已在海沧区动工投资 PX（苯）项目，这种剧毒化工品一生产，厦门岛意味着放了一颗原子弹，

厦门人民以后的生活，将怎么怎么样。"那么，PX到底毒性如何，我们又为什么要生产？今天我们就一起来揭开PX的神秘面纱。

人们的关注点，是在PX本身的毒性上面，那么我们今天首先就来分析PX项目到底有没有我们想象的可怕，要想了解PX项目到底是否可怕，首先要搞清楚PX是什么，PX是对二甲苯，即一个苯环上面有两个对位甲基，或者叫1，4–二甲基苯。PX常温下是无色透明液体，具有芳香气味，熔点只有13.2℃，在低温时可形成无色片状或棱柱状结晶，PX不溶于水，可混溶于乙醇、乙醚、氯仿等有机溶剂。

二是PX爆炸性及毒性。根据《我国危险化学品名录》，PX确实属于危险化学品，主要是指爆炸危险，PX蒸气与空气可以形成爆炸性混合物，爆炸极限浓度为1.1%~7.0%（体积分数）。而毒性呢？PX真的会致癌、导致胎儿畸形吗？在"化学品安全说明书中"是这样描述的：PX对眼睛及上呼吸道有刺激作用，高浓度时对中枢神经系统有麻醉作用，急性中毒症状表现为，短期内吸入较高浓度PX，会出现眼睛及上呼吸道明显的刺激症状，眼结膜及咽部充血，头晕、头痛、胸闷、四肢无力、意识模糊等症状，重度可出现抽搐或昏迷症状，长期接触会出现神经衰弱综合征等。所以很多人认为PX有剧毒是有道理的。

三是PX毒理及剂量问题。在化工行业脱离剂量谈毒性是不科学的。我们都知道酒精有毒，人体摄入量控制在一定范围内是可以喝酒的，但是喝多了都得中毒了。而PX，在"化学品安全说明书中"也指出，PX的LD_{50}为5000mg/kg，LD_{50}是指能够引起50%实验动物死亡的药物剂量，即动物半数致死量。LD_{50}数值越大，说明毒性越低，即需要吸入很大量才能致死。那么PX的LD_{50}5000mg/kg究竟是个什么概念？酒精的LD_{50}是7060mg/kg，食盐是3000mg/kg，尼古丁是50mg/kg，这样看来PX的毒性介于酒精和食盐之间。

很多人对PX的顾虑是担心，在PX工厂附近，PX会挥发扩散被人体吸入，那么这个毒性如何呢？PX确实很容易挥发到大气中，为了衡量这类毒害，还有一个专门的指标叫LC_{50}，即某种物质在大气中的浓度达到某一数值时，可以致死半数实验动物的浓度。通过大鼠实验吸入PX，4h内的LC_{50}为19747mg/L，这个浓度就非常高了，1L是19747mg，即19.747g，即在$1m^3$的封闭空间内，要灌入19.747g的PX蒸气，所以正常安全生产情况下，PX在空气中的浓度不可能达到这个值。当然对于PX工厂的工作人员来说，由于长期的积累作用，有可能会产生一些慢性影响，属于职业病范畴，需要工厂加强安全防护措施，提高医疗补贴和保险等。对于厂区外的人员来说，这种情况是较难出现的。

3.5.2 PX 产业链

PX 产业链在 3.2 中已有提及。甲苯经歧化反应、二甲苯经异构化反应生成的混合芳烃经过分离可获得较高纯度的 PX，如图 3–11 所示。PX 经过氧化结晶分离干燥生产出精对苯二甲酸（PTA，如图 3–12 所示）。对苯二甲酸和乙二醇聚合生成聚对苯二甲酸乙二醇酯，这种聚合物的热塑性是通用工程塑料中最高的，特别适合制备锡焊的电子、电气零件，也可用作聚酯薄膜类的矿泉水和食用油的包装瓶，还有纺织品、医药用胶囊等。还有，对苯二甲酸和丙二醇生成聚对苯二甲酸丙二醇酯。这种纤维 55% 需求来自地毯领域，45% 为工业纺织品领域，可代替人工种植棉花。PX 产业链建成后，混合二甲苯、甲苯不断被转化为固体产品（聚酯），混合二甲苯的储存量大大降低，混合二甲苯对外（罐车）运输、销售量极少甚至没有。

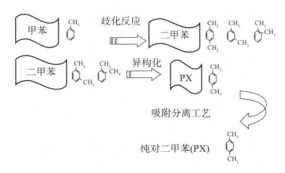

图 3–11　PX 项目的示意图

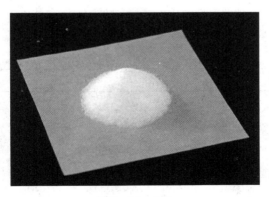

图 3–12　PTA

因此前面提及的 PX 项目并不是洪水猛兽，在安全生产条件下，PX 还是相对安全的。将有毒易挥发的液体 PX（对二甲苯）转化为无毒的固体产品（聚酯纤维），可降低炼油化工企业环保风险，拉长产业链，提高经济效益。

3.5.3　我国芳烃装置（PX 项目）的分布情况

目前我国共有 16 家 PX 生产企业，20 座生产装置，总产能 1017.1 万吨/年（表 3 - 3）。

表 3 - 3　我国的 PX 生产企业

序号	生产企业	所在地	生产能力/（万吨/年）
1	扬子石化	江苏南京	85
2	镇海炼化	浙江宁波	52
3	天津石化	天津市	33.4
4	上海石化	上海市	83.5
5	洛阳石化	河南洛阳	21.5
6	齐鲁石化	山东淄博	6.4
7	福建炼化	福建泉州	70
8	金陵石化	江苏南京	60
9	惠州炼油	广东惠州	84
10	辽阳石化	辽宁辽阳	75.8
11	乌鲁木齐石化	新疆乌鲁木齐	105.5
12	青岛丽东化工	山东青岛	70
13	大连福佳大化	辽宁大连	70
14	四川石化	四川彭州	60
15	漳州腾龙芳烃	福建漳州	80
16	海南炼化	海南洋浦经济开发区	60
合计			1017.1

第4章 合成气生产及应用

4.1 合成气生产

合成气是指 CO 和 H_2 的混合物，H_2 与 CO 摩尔比范围为 $0.5 \sim 3$。

与合成气相关的含一个碳原子的化合物参与反应的工艺过程或技术叫做 C_1 化工，如 CH_4、CO、CO_2、HCN（氰化氢）、CH_3OH 等。合成气是 CO 和 H_2 的来源，用于转化成高附加值的精细化学品，在化学工业中有着重要的作用。制备合成气的原料有煤、天然气、石油、炼厂干气、重油等。

合成气应用主要有：合成气生产甲醇、乙烯、乙醛、乙二醇、丙酸、甲基丙烯酸、醋酸乙烯、醋酸、醋酐。

合成气生产有两种方法，第一种为"水蒸气转化法"，为吸热反应。第二种为"部分氧化法"，为放热反应，反应方程式如下所示。一般生产过程是两种方法同时使用，"部分氧化"过程为"水蒸气转化"过程供热，热效率较高，同时 H_2 与 CO 比值容易调节。

①水蒸气转化法：

$$C_mH_m + mH_2O \longrightarrow mCO + \left(m + \frac{n}{2}\right) H_2$$

②部分氧化法

$$C_mH_n + \left(\frac{m}{2} + \frac{n}{4}\right) O_2 \longrightarrow mCO + \frac{n}{2}H_2O$$

$$C_mH_n + \frac{m}{2}O_2 \longrightarrow mCO + \frac{n}{2}H_2$$

若以煤为原料，在部分氧化过程中，适量的 O_2 和 H_2O，使部分烃类燃烧，放出热量并产生高温；另一部分烃类则在水蒸气转化过程中，与水蒸气发生吸热反应而生成 CO 和 H_2 气，调节原料中油、H_2O 与 O_2 的相互比例，可达到自热平衡而不需外供热。

反应方程式如下：

$$C_mH_n + mH_2O \longrightarrow mCO + \left(m + \frac{n}{2}\right)H_2 \text{（吸热）}$$

$$C_mH_n + \left(\frac{m}{2} + \frac{n}{4}\right)O_2 \longrightarrow mCO + \frac{n}{2}H_2O \text{（放热）}$$

$$C_mH_n + \frac{m}{2}O_2 \longrightarrow mCO + \frac{n}{2}H_2 \text{（放热）}$$

以煤为原料生产合成气分为以下几个步骤：

以水蒸气与氧气或富氧空气组成的混合物作为气化剂，通过固定床气化装置，得到热解气和合成气的混合气。

混合气经过除尘及热回收单元除尘及热回收后，在油气分离单元将混合气中的粗煤焦油或煤烟气分离。

分离得到的低温气相送至压缩单元增压后进入变换单元进行变换反应，出变换装置的合成气在低温甲醇洗单元中净化，得到合成气产品。

该反应过程所用催化剂为有机金属络合物催化剂，使用的工艺为利用 CO 为原料的液相催化羰基化工艺，合成气主要有两种工艺，即催化蒸汽转化和非催化部分氧化。

煤气化温度一般大于 1100℃，新工艺采用 1500～1600℃；低压有利于提高 CO 和 H_2 的平衡浓度，加压有利于提高反应速率并减小反应体积，一般压力控制在 2.5～3.2MPa。水蒸气和氧气的比例要视采用的煤气化生产方法来制定。

半水煤气或其他原料气中含有大量一氧化碳，一般需要经过变换反应，使其转化成易于清除的二氧化碳和氢气。一氧化碳变换过程是原料气的净化过程，也是原料气制备的后续过程。

铁－铬催化剂是化学工业中研究应用最早的变换催化剂之一。研究表明，以 Fe_2O_3 为主体的中变催化剂，加入铬、铜、钾、锌、钴、镍等的氧化物可以改善催化剂的耐热和耐毒性能。可将有机硫转化为无机硫化氢。

工业上应用的低变催化剂均以 CuO 为主体。还原后具有活性的组分是细小的铜结晶——铜微晶。常用的添加物有 ZnO、Cr_2O_3、Al_2O_3。

以甲烷为原料生产合成气影响转化反应平衡主要因数有温度、水碳比、压力。

甲烷与水蒸气反应生成 CO 和 H_2 是吸热的可逆反应，高温对平衡有利，即 H_2 及 CO 的平衡产率高，CH_4 平衡含量低；对 CO 变换反应的平衡不利，可以少生成 CO_2。但是温度过高，有利于 CH_4 裂解，会大量析出碳，并沉积在催化剂和器壁上。

水碳比对于 CH_4 转化影响重大，高的水碳比有利于转化反应，同时，高水碳比也有利于抑制析碳副反应。

压力影响：CH_4 蒸汽转化反应是体积增大的反应，低压有利平衡，当温度为 800℃、水碳比 4 时，压力 2MPa 时，CH_4 平衡含量由 5% 降至 2.5%。低压也可抑制 CO 的两个析碳反应，但是低压对 CH_4 裂解析碳反应平衡有利，适当加压可抑制 CH_4 裂解。压力对 CO 变换反应平衡无影响。

总之，单从反应平衡考虑，CH_4 水蒸气转化过程应该用适当的高温、稍低的压力和高水碳比。

以 CH_4 为原料生产合成气工艺流程：用于合成氨的氮氢混合气需在天然气转化过程中导入氮，通常采用两段转化工艺：在一段进行蒸汽转化，使出口气中的 CH_4 含量降至 10% 以下，二段导入空气，利用 CO 及 H_2 燃烧所产生的热量使 CH_4 进一步转化降至 0.3% 左右。转化的气体经变换工序使 CO 转化为 CO_2，在脱碳工序脱除 CO_2，再经甲烷化工序除去微量碳氧化物，即得到合成气。合成气用于生产氨，还需经过变换工序，转化的气体经过变换工序使 CO 转化为 CO_2，在脱碳工序脱除 CO_2，再经甲烷化工序除去微量碳氧化物，得到氮氢混合气去合成氨工序。

4.2 甲醇制烯烃 MTO 工艺概述

进入 21 世纪以来，石油资源日益紧缺，国际油价在起伏中呈现上升趋势，国际各大型石油公司的生产压力逐年增加，而甲醇制烯烃工艺也在被重视，并进入建设投产过程。而以石油资源少，天然气稀缺，煤炭资源丰富为主要能源结构特征的中国，很明显石油资源短缺已成为制约我国烯烃工业发展的主要瓶颈之一。

我国发展甲醇能源，可满足国家节能减排的科学发展要求；经过 30 年的发展，国内燃料利用技术早已遥遥领先于其他国家，人才体系配套完整；随着中国 13 亿人口发展的要求，发展醇醚燃料替代石油的需求的条件已经成熟。

烯烃是重要的化工原料，我国烯烃需求逐年增加，通过引入甲醇制烯烃，可以为我国烯烃供给提供了更多选择，填补这个缺口，有力地减少了对外国石油资源的过度依赖，合理地利用了我国丰富的煤炭资源，使之能达到高效的转化利用，对国家能源战略的结构合理化具有重要意义。

4.2.1 MTO/MTP 工艺技术在国外的研究进展

4.2.1.1 UOP 公司与海德鲁公司开创 MTO 技术

MTO 技术的前身是甲醇制汽油（MTG）。低碳烯烃乙烯等是甲醇制汽油过程的中间产物，要想得到中间产物乙烯等低碳烯烃，甚至是使反应停留在这一步，可通过更换不同的催化剂和调节工艺操作条件（如温度等）来实现。1995 年，两家石油公司 UOP 公司和挪威海德鲁公司通过合作建成一套甲醇加工能力0.75t/d 的示范装置，运转 90 天，其中甲醇全部几乎转化，乙烯和丙烯的碳基质量收率达到 80%。

4.2.1.2 Lurgi 公司的 MTP 工艺

20 世纪 90 年代 Lurgi 公司成功开发了 MTP 技术，结合沸石分子筛催化剂和固定床反应器，在 450 ~ 480℃的反应温度、0.13 ~ 0.16MPa 反应压力等操作条件下，实现了甲醇几乎完全转化，提高丙烯收率到 65%，该工艺还解决了 Mobil 公司催化寿命短的缺陷，达到催化剂使用寿命 8000h 以上。Lurgi 公司 MTP 工艺装置的目的产物是丙烯，副产物为部分乙烯、液化石油气和汽油产品。

4.2.1.3 Mobil 公司改进 MTO 技术

Mobil 公司在之前已有的技术基础上，结合近期研究的催化剂 ZSM – 5 系列分子筛，采用列管式反应器进行反应，反应进行过程中，甲醇先是扩散到催化剂孔中进行反应，反应生成的是二甲醚，然后二甲醚反应生成乙烯、丙烯、丁烯和高级烯烃。该改进工艺可实现乙烯收率 60%，烯烃总收率 80%，但催化剂的寿命不理想。

4.2.2 MTO/MTP 工艺技术在国内的研究进展

4.2.2.1 大连化学物理研究所开发的 MTO 技术

中国科学院大连化学物理研究所是中国较早研究 MTO 技术的研究所，从 20世纪 80 年代就已经开始从其催化剂着手研究，早期研究的催化剂有 ZSM – 5 催化剂及其一些组分改进的催化剂，这些催化剂在完成固定床中试后，被运用到工业生产；后期经过 30 年的研究，逐渐开发出高效率的小孔径 SAPO – 34 分子筛催化剂，这种催化剂能将烯烃的选择性提高到 85%。进入 21 世纪，大连化学物理研究所与新兴能源科技有限公司和洛阳工程公司合作，进行 DMTO 技术开发，于 2006 年建成万吨级别的 DMTO – 1 的工业性试验装置，并完成工业化试验。试验结果理想，甲醇转化率接近 100%，烯烃的选择性又提高到 86%，该套装置大幅降低了甲醇的消耗，节约了成本，达到国际领先水平，并在 2014 年获得国家技术发明一等奖。

4.2.2.2 扬子石化 S – MTP 技术

2014 年 3 月，中国石化扬子分公司结合上海石化研究院自主研发的专利，尝试以生产丙烯为主的甲醇制丙烯（S – MTP）装置中试取得成功。中试过程中，装置运行稳定，各项指标达到要求，甲醇转化率大于 99.8%，甲醇选择性大于 80%，丙烯及 C_4 烯烃选择性超过 90%，废水很好地回收利用，为以后该工艺技术的工业开车提供了必要的基础数据与宝贵经验。

4.2.2.3 清华大学联合安徽淮化集团开发 FMTP 技术

清华大学早期研究甲醇制丙烯在流化床上反应效果，并研究出循环条件下的流化床反应，丙烯收率显著提高，并申请技术专利。以此为基础，清华大学联合安徽淮化集团共同实施流化床甲醇制丙烯（FMTP）技术项目。该项目计划建成一套 3 万吨/年的甲醇制丙烯工业试验装置。

4.2.3 我国 MTO/MTP 工艺工业化现状

4.2.3.1 惠生（南京）清洁能源有限公司 MTO 装置

惠生（南京）清洁能源股份有限公司自 2010 年引进国外 UOP 公司 MTO 技术以来，通过研究设计，结合市场行情，计划建设一套年产烯烃 30 万吨的 MTO 装置。2011 年该装置正式施工建设，2013 年 9 月成功开车运行。这是国内首套采用 UOP 公司的 MTO 工艺进行工业化的装置。这套装置证实了惠生工程的甲醇制烯烃分离技术的成熟与可行。

4.2.3.2 大唐内蒙古多伦公司 MTP 装置

大唐内蒙古多伦煤化工有限责任公司（以下简称大唐公司）经过研究，决定采用美国陶氏公司、荷兰壳牌公司、德国鲁奇公司等的工艺技术，以内蒙胜利煤田的褐煤为原料，计划投资 180 亿建设 460kt/a 的 MTP 项目，该项目主要由褐煤预干燥、煤气化、变换、净化及硫回收、甲醇、MTP、聚丙烯组成。

4.2.3.3 神华包头 MTO 装置

以大连化学物理研究所的 DMTO 技术为主要技术支撑，神华包头公司开展煤制低碳烯烃试点，该试点装置拟处理甲醇量为 180 万吨/年，计划生产 60 万吨/年烯烃，综合生产更多的下游产品，分别建有 31 万吨/年的聚丙烯装置和 30 万吨/年的聚乙烯装置等。自 2007 年的开工到 2010 年的投料试车成功，该项目进展顺利，生产出指标合格的产品；2011 年该试点正式进入商用模式。

4.2.3.4 国内外 MTO/MTP 工艺对比表

表 4-1 国内外主要 MTO/MTP 工艺对比表

工艺名称	所属	简介	优点	缺点
MTO	UOP	SAPO-34 催化剂，其孔径只能允许乙烯、丙烯及少量 C_4 通过。主要的产物浓度都达到 99%，可直接作合成聚合物的原料	有较高的选择性，它是以乙烯、丙烯为目的产品最理想的催化剂	
MTO	Mobil	采用 ZSM-5 系列分子筛催化剂，在列管式反应器中进行 MTO 的反应	以碳选择性为基础，乙烯收率可达 60%，烯烃总收率可达 80%	催化剂的寿命不理想
MTP	鲁奇（Lurgi）	采用沸石分子筛 ZSM-5 催化剂，其典型产物有：乙烯、丙烯，副产品较少，后续的烯烃分离流程较为简单	ZSM-5 失活速率较慢，可以得到丙烯和 C_4 以上的低碳烯烃。生成的丙烯选择性很高，丙烷含量低	不排除芳香烃的大分子产物形成
DMTO	中国科学院大连化学物理研究所	采用 ZSM-5 沸石催化剂，固定床反应器	甲醇的转化率达 100%，乙烯和丙烯选择性达 85%	还不成熟，处于中试阶段
SMTO/SMTP	中国石化	采用 SMTO-1 催化剂	甲醇转化率大于 99.8%，甲醇选择性大于 80%，乙烯、丙烯及 C_4 烯烃选择性超过 90%	处于试验阶段
FMTP	清华大学	采用 SAPO-34 分子筛催化剂	减少了副产物烷烃的产生，降低了后续分离工艺难度，增加了低碳烯烃产量	还不成熟，处于试验阶段

4.2.4 MTO 工艺原理与条件

在一定的温度、压强和催化剂下，MTO 工艺并不使甲醇直接转化成烯烃，而是先脱水生成二甲醚，然后二甲醚再与原料进行平衡反应，继续脱水生成乙烯、丙烯等低碳烯烃；而副产物中的饱和烃、芳烃及焦炭等则是低碳烯烃环化、脱氢、缩合、烷基化等的结果。

（1）反应方程式

整个反应由脱水阶段、裂解反应阶段两个阶段构成。

脱水阶段：

$$2CH_3OH \longrightarrow CH_3OCH_3 + H_2O + Q$$

裂解反应阶段：

该反应过程主要是二甲醚和少量未转化的原料甲醇进行的催化裂解反应，包括：

主反应（生成烯烃）

$$nCH_3OH \longrightarrow C_nH_{2n} + nH_2O + Q$$

$$nCH_3OCH_3 \longrightarrow 2C_nH_{2n} + nH_2O + Q$$

$n = 2$ 和 3（主要），4、5 和 6（次要）

以上各种烯烃产物均为气态。

副反应（生成烷烃、芳烃、碳氧化物并结焦）

$$(n+1)CH_3OH \longrightarrow C_nH_{2n+2} + C + (n+1)H_2O + Q$$

$$(2n+1)CH_3OH \longrightarrow 2C_nH_{2n+2} + CO + 2nH_2O + Q$$

$$(3n+1)CH_3OH \longrightarrow 3C_nH_{2n+2} + CO_2 + (3n-1)H_2O + Q$$

$n = 1，2，3，4，5\cdots$

$$nCH_3OCH_3 \longrightarrow C_nH_{2n-6} + 3H_2 + nH_2O + Q$$

$n = 6，7，8\cdots$

以上产物有气态（CO、H_2、H_2O、CO_2、CH_4 等烷烃、芳烃等）和固态（大分子量烃和焦炭）之分。

（2）反应机理

有关反应机理研究已有专著论述，其中代表性的理论如下：

①氧合内合盐机理。

该理论的原理是：二甲基醚和由质子酸二甲酯形成的固体酸在表面形成的甲醇脱水，在三甲基氧合内氧盐及二甲基醚的作用下形成二甲基氧。两种含氧的盐类，它们与催化剂表面聚合。在分子间甲基化形成乙基二甲基氧合离子，或者是Stevens 重排反应形成甲乙醚，这是一种分子的甲基化。它们都经过 B2 消除反应得到乙烯，详见图 4－1。

②平行型机理。

该机理是以 SAPO－34 为催化剂，用甲醇进料的 C^{13} 标记和来自乙醇的乙烯 C^{12} 标记跟踪而提出的，其机理见图 4－2。

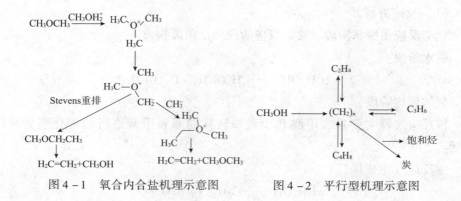

图 4-1　氧合内合盐机理示意图　　　　图 4-2　平行型机理示意图

③其他反应机理。

除上述机理外，也有的认为反应为自由基机理，而二甲醚可能是一种甲基自由基源。

（3）反应热效应

反应方程和热效应数据表明，所有的主反应和副反应都是放热的。由于大量的热使反应温度上升，甲醇焦化，可能会引起甲醇的分解反应，所以及时而全面地利用反应热是非常必要的。

此外，产生有机分子的碳分子的数量越高，产生的水就越多，释放的热量也就越多。因此，必须严格控制反应温度，以限制裂解反应的发展。然而，反应温度不应太低，否则反应就会主要形成二甲醚。因此，当达到低碳烯烃反应温度（催化剂活性温度）时，应严格控制反应温度。

（4）MTO 反应的化学平衡

①所有主、副反应均有水蒸气生成。

根据化学热力学平衡原理，由于以上反应是水蒸气产生，特别是考虑到产生蒸汽对副反应的抑制作用，因此在反应器甲醇原料中加入适量的水或适量的水蒸气，可以使化学平衡向左移动。因此，在这个过程中加入水（蒸汽）不仅可以抑制裂解反应，提高低碳烯烃的选择性，减少催化剂因积炭而失活，而且通过水蒸气可以将反应器内大量的热量带出，保持催化剂床层温度的稳定。

②所有主、副反应均为分子数增加的反应。

从化学热力学平衡角度来考虑，对两个主反应而言，低压操作对反应有利。所以，该工艺采取低压操作，目的是使化学平衡向右移动，进而提高原料甲醇的单程转化率和低碳烯烃的质量收率。

（5）MTO 反应动力学

动力学研究证明，MTO 反应中所有主、副反应均为快速反应，因而，甲醇、二甲醚生成低碳烯烃的化学反应速率不是反应的控制步骤，而关键操作参数的控制则是应该极为关注的问题。

从化学动力学角度考虑，原料甲醇蒸气与催化剂的接触时间尽可能越短越好，这对防止深度裂解和结焦极为有利；另外，在反应器内催化剂应该有一个合适的停留时间，否则其活性和选择性难以保证。

（6）MTO 工艺的优点

①装置操作简便和灵活；

②采用流化床和催化剂再生器设计，不断加入新鲜催化剂，使反应器内的催化剂性能保持基本稳定，从而带来了生产操作和生产质量的稳定，这是非常有利的；

③催化剂具有突出的择形性能；

④可以在较宽的范围内灵活调节乙烯和丙烯的质量比（0.75～1.5），市场抗风险能力强；

⑤乙烯和丙烯的产率比较稳定（80%左右）；

⑥工艺原料可以是粗甲醇或者 AA 级甲醇；

⑦产品主要是烯烃类，不设置乙烯、丙烯分离器的情况下可得到 97% 纯度的轻烯烃，设置乙烯、丙烯分离设备可得到聚合级轻烯烃；

⑧"三废"排放量较小。

4.2.5　甲醇制烯烃工艺流程概述

4.2.5.1　MTO 工艺流程

（1）主要工艺操作条件

在高选择性催化剂上，MTO 发生两个主反应：

$$2CH_3OH \longrightarrow C_2H_4 + 2H_2O$$

$$3CH_3OH \longrightarrow C_3H_6 + 3H_2O$$

反应温度：450℃

反应压力：0.124MPa

再生温度：700℃

再生压力：0.12MPa

催化剂：SAPO-34

反应器类型：流化床反应器

（2）工艺概述

MTO 工艺由甲醇反应段和烯烃精馏段组成，甲醇先高温进入流化床反应器，反应生成烯烃，烯烃再进入精馏分离装置，得到主产品有乙烯、丙烯、乙烷、丙烷，还有一些燃料气和 C_5 组分等副产品。MTO 工艺由进料加热汽化区和产品深冷分离区、再生区、生产辅助区几部分组成（图 4-3）。

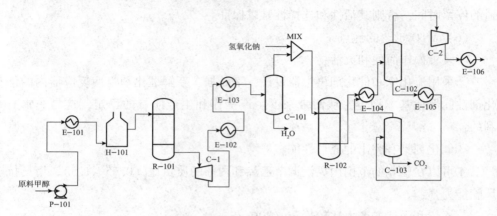

图 4-3　甲醇制烯烃工艺反应段流程示意图

（3）转化工艺流程说明

①加热气化和深冷分离区。

加热汽化和深冷分离区由甲醇进料缓冲罐、进料换热器、进料燃烧炉、洗涤水汽提塔、急冷塔、碱洗塔和产品/水汽提塔组成。

来自甲醇储罐的甲醇先通过与温度较高的来自反应器的水预加热后，进入燃烧炉初步气化，经过二级加热气化后，物料温度将达到 450℃，最后用泵送入 MTO 反应器。

反应后的物料需要经过二级急冷，换取反应产生的高效有用的热值。一级急冷塔用水直接冷却反应后物料，同时也除去反应产物中的杂质。水是 MTO 反应的产物之一，甲醇进料中的大部分氧转化为水，由急冷塔底抽出的废水再回流至急冷塔进行回用。

急冷塔顶的气相送入二级急冷塔，进行二次急冷和水洗，急冷塔底抽出的废水也进入污水待处理装置。

两级急冷过程中被换出的热量对原料进行预热，循环的冷凝水通过一个蓄水池进行循环使用，大大减少了对水的需求量，可以说这一部分可以达到零排放。这是本设计的一处亮点。同时，当循环水中甲醇浓度达到一定含量时，进入甲醇分离塔，回收甲醇，净化循环水。

产品分离器顶部的烯烃产品送入烯烃回收单元，进行压缩、精馏和净化。

②流化催化反应和再生区。

MTO 的反应器是快速流化床型的催化裂化设计。反应实际在反应器下部发生，此部分由进料分布器、催化剂流化床和出口提升器组成。反应器的上部主要是气相与催化剂的分离区。在反应器提升器出口的初级预分离之后，进入多级旋风分离器。反应温度通过中间取热器将热量带走。

MTO 过程中会在催化剂上形成积碳。因此，催化剂需连续再生以保持理想的活性。待生催化剂通过待生催化剂立管和提升器送到再生器。MTO 的再生器是流化床，由分布器（再生器空气）、催化剂流化床和多级旋风分离器组成。催化剂的再生是放热的。焦炭燃烧产生的热量由取热器中产生的蒸汽回收。除焦后的催化剂通过再生催化剂立管回到反应器。

③再生空气和废气区。

再生空气区由主风机、直接燃烧空气加热器和提升风机组成。主风机提供的助燃空气经直接燃烧空气加热器后进入再生器。直接燃烧空气加热器只在开工时使用，以将再生器的温度提高到正常操作温度。提升风机为再生催化剂冷却器提供松动空气，还为待生催化剂从反应器转移到再生器提供提升空气。提升空气需要助燃空气所需的较高压力。通常认为用主风机提供松动风和提升空气的设计是不经济的。然而，如果充足的工艺空气可以被利用来满足松动风和提升风的需要，可以不用提升风机。

废气区由烟气冷却器、烟气过滤器和烟囱组成。来自再生器的烟气在烟气冷却器发生高压蒸汽，回收热量。出冷却器的烟气进入烟气过滤器，出过滤器的烟气由烟囱排空。

（4）轻烯烃回收工艺流程说明

进入轻烯烃回收（LORP）单元的原料是来自 MTO 单元的气相。LORP 单元的目的是压缩、冷凝、分离和净化有价值的轻烯烃产品（通常指乙烯和丙烯）。LORP 单元由以下几部分组成：压缩、二甲醚回收、碱洗、去氧化物、干燥、炔烃转换、精馏。

①压缩区。压缩区由 MTO 产品压缩机、级间吸入罐和级间冷却器组成。在接近周围环境温度、压力下，MTO 的气体物流送入 LORP 单元的压缩部分。为了回收烯烃产品，首先将操作压力提高到能浓缩和通过精馏来分离的压力等级水平是非常必要的。MTO 产品压缩机是多级离心压缩机。压缩机的级间流在级间冷

却器和级间吸入罐中冷却和闪蒸。由水和溶解的轻烃组成的级间冷凝物计量后通过级间罐回到上一级吸入罐。

②二甲醚回收区。来自最后一级压缩机冷却器的流出物送入二甲醚汽提负荷罐。在这里液态烃和水相是同时存在的。在二甲醚汽提负荷罐中两液相从烃类气相中分离出来。二甲醚在两相态中都存在。二甲醚如返回 MTO 单元反应器可转化为有价值烯烃。因此将二甲醚从轻烃中回收。液态烃被泵送到二甲醚汽提塔。二甲醚从液态烃中汽提出来并回到压缩机最后一级的级间冷却器。二甲醚汽提塔的纯塔底物冷却到环境温度后送入水洗区。出二甲醚汽提负荷罐的气相去氧化物吸收塔。在氧化物吸收塔中来自 MTO 单元的水用于吸收产品气相中的二甲醚。带有二甲醚的水回到 MTO 单元。

③碱洗区。MTO 气相产品中的二氧化碳产物在碱洗塔中脱除。碱洗塔有三股碱液回流和一股水回流来脱除残余的碱。碱洗区包括补充碱和水的中间罐和注入泵。废碱脱气后送出界区处理。二氧化碳脱除后，MTO 气相产品被冷却然后送入干燥区。

④干燥区。MTO 的气体产物需干燥处理，为下游的低温工段作准备。干燥区由两个 MTO 产品干燥器和再生设备组成。干燥器用分子筛脱水。来自 LORP 单元的轻质气体用于再生干燥剂。再生设备由再生加热器、再生冷却器和再生分离罐组成。脱水后，再生的气体混入燃料气系统。干燥后的反应气送入精馏区的 $C_2 \sim C_3$ 分离塔。$C_2 \sim C_3$ 分离塔的塔顶气压缩后送入乙炔转换区。

⑤乙炔转换区。脱乙烷塔顶气中包含 C_2 和更轻的物料。物流中的副产物乙炔被选择加氢转化为乙烯。乙炔转化是气相催化工艺。

⑥精馏区。精馏区由脱 C_4^+ 塔、脱甲烷塔、$C_2 \sim C_3$ 分离塔、乙烯精馏塔、丙烯精馏塔组成。在压缩、氧化物回收、碱洗和干燥之后，MTO 产品气冷却后进入脱 C_4^+ 塔。脱 C_4^+ 塔顶产品是混合的产品组分，由多级压缩机加压后送入脱甲烷塔。塔底为 C_4^+ 组分，C_4^+ 组分经过裂解装置，增产乙烯。

脱甲烷塔从混合产品物流中脱除轻杂质（包括甲烷、氢和惰性气体）。脱甲烷塔顶物送去作燃料气。脱甲烷塔底物送入 $C_2 \sim C_3$ 分离塔。

$C_2 \sim C_3$ 分离塔中乙烯产品与丙烯产品分离开来。分离塔顶的纯物质送入乙烯精馏塔，塔底物进入丙烯精馏塔。

乙烯精馏塔中精制的聚合级乙烯从塔顶出来，输送到乙烯产品储罐。塔底物为少量废液，主要是一些液态乙烷，经收集作为燃料气，进入燃料储罐。

出 $C_2 \sim C_3$ 分离塔的物料，依次进入两个丙烯塔，丙烯精馏塔中精制的聚合级丙烯从塔顶出来，输送到丙烯产品储罐。塔底物为少量废液，主要是一些液态丙烷，经收集作为燃料气，进入燃料储罐（图4-4）。

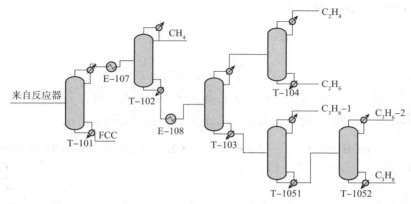

图4-4　精馏的流程示意图

4.3　氯乙烯生产工艺

如表4-2中所示，为全世界乙烯的消费分配，乙烯下游产品有低密度聚乙烯、线型低密度聚乙烯，占消费分配的34%，高密度聚乙烯占消费分配的21%，聚氯乙烯占消费分配的15%，环氧乙烷、乙二醇占14%，聚苯乙烯占7%。从表中可以看出，56%的乙烯用于生产各种聚乙烯，22%的乙烯通过其衍生单体合成聚氯乙烯、聚苯乙烯。

表4-2　氯乙烯生产工艺

乙烯衍生物	消费分配/%	乙烯衍生物	消费分配
低密度聚乙烯、线型低密度聚乙烯	34	α-烯烃	2
高密度聚乙烯	21	乙醛	2
聚氯乙烯	15	乙酸	2
环氧乙烷、乙二醇	14	其他	3
聚苯乙烯	7		

氯乙烯简称 VC，常态下是无色、易燃和具有特殊香味的气体，但稍加压很易变为液体。可溶于烃类、丙酮、乙醇、含氯溶剂和多种有机溶剂。氯乙烯与空气混合会猛烈爆炸。氯乙烯含有不饱和双键和极性原子 Cl，能发生聚合、加成、

取代、氧化等反应。

氯乙烯在光、热、自由基引发剂作用下，可发生均聚反应，生成氯乙烯树脂，即 PVC，反应方程式如下所示。

$$n\mathrm{CH_2}=\underset{\underset{(\mathrm{VC})}{\overset{|}{\mathrm{Cl}}}}{\overset{|}{\mathrm{CH}}} \longrightarrow \underset{\underset{(\mathrm{PVC})}{\overset{|}{\mathrm{Cl}}}}{\left(\mathrm{CH_2}-\overset{|}{\mathrm{CH}}\right)_n}$$

氯乙烯还可发生共聚合反应，氯乙烯共聚物的最大品种是与乙酸乙烯酯发生共聚反应，生成共聚产物，还可进行三元共聚。方程式如下所示。

$$n\mathrm{CH_2}=\underset{\overset{|}{\mathrm{Cl}}}{\mathrm{CH}} + m\mathrm{CH_2}=\underset{\underset{\overset{\|}{\mathrm{O}}}{\overset{|}{\mathrm{O}-\mathrm{C}-\mathrm{CH_3}}}}{\mathrm{CH}} \longrightarrow \text{\textasciitilde\textasciitilde}-\mathrm{CH_2}-\underset{\overset{|}{\mathrm{Cl}}}{\mathrm{CH}}-\text{\textasciitilde\textasciitilde}-\mathrm{CH_2}-\underset{\underset{\overset{\|}{\mathrm{O}}}{\overset{|}{\mathrm{O}-\mathrm{C}-\mathrm{CH_3}}}}{\mathrm{CH}}-\text{\textasciitilde\textasciitilde}$$

在催化剂作用下，可迅速发生氯取代反应，合成含乙烯基的重要衍生物。如乙烯基乙醚、乙酸乙烯酯、氟乙烯、乙烯基锂。具体方程式如下所示。

$$\mathrm{CH_2}=\mathrm{CHCl} + \mathrm{C_2H_5ONa} \xrightarrow{\mathrm{C_2H_5OH}} \mathrm{CH_2}=\mathrm{CHOC_2H_5} + \mathrm{NaCl}$$

$$\mathrm{CH_2}=\mathrm{CH}-\mathrm{Cl} + \mathrm{CH_3COOH} \xrightarrow{\mathrm{PdCl_2}} \mathrm{CH_2}=\mathrm{CHOCOH_3} + \mathrm{HCl}$$

$$\mathrm{CH_2}=\mathrm{CHCl} + \mathrm{HF} \longrightarrow \mathrm{CH_2}=\mathrm{CH}-\mathrm{F} + \mathrm{HCl}$$

$$\mathrm{CH_2}=\mathrm{CHCl} + \mathrm{Li}\,(\mathrm{Na}) \longrightarrow \mathrm{CH_2}=\mathrm{CH}-\mathrm{Li}$$

氯乙烯还可制备格利雅试剂氯乙烯镁，工业上可通过此试剂将乙烯基引入各种化合物中合成多种产物。

$$\mathrm{CH_2}=\mathrm{CH}-\mathrm{Cl} + \mathrm{Mg} \xrightarrow{\mathrm{THF,\ CuI}} \mathrm{CH_2}=\mathrm{CH}-\mathrm{Mg}-\mathrm{Cl}$$

氯乙烯（VC）最主要用途是生产聚氯乙烯（PVC），约占98%。氯乙烯气体对人体有麻醉作用，空气中的浓度为20%～40%时，会使人迅速死亡。曾有些国家用作医用麻醉剂和烟雾剂，60年代后证实氯乙烯是严重的致癌物质。欧共体规定工作现场氯乙烯平均浓度<3mg/L，美国规定为1～5mg/L。PVC可制成软、硬、泡沫塑料制品和氯纶纤维制品，经特殊加工后可制成卫生级食品装饰材料。卫生级 PVC 树脂中的 VC 不得超过1mg/L。

氯乙烯可通过配位、负离子和辐射等引发聚合制备聚氯乙烯，氯乙烯在聚合条件下多以液态存在，PVC 树脂颗粒的形成机理与 PVC 不溶但溶胀于氯乙烯单体（即 VCM）相关。

聚合过程通过悬浮聚合实现，悬浮聚合通常在压力釜内进行。以水为分散介质，加入悬浮剂在强烈搅拌作用下将液态 VCM 分散成无数小液滴，由油溶性引发剂引发，聚合反应在每个小液滴中进行。

悬浮剂多为水溶性高分子化合物。

接下来看一下聚氯乙烯的应用，聚氯乙烯树脂分解温度与加工温度十分接近。第一个 HCl 分子脱出，可成为一个"拉链式"脱 HCl 反应。使树脂出现自加速变色、老化现象。加工时要加入添加剂，防止分解。

聚氯乙烯的添加剂种类很多，分为增塑剂、稳定剂、润滑剂、冲出改性剂、加工助剂、填料、着色剂和抗静电剂、增黏剂、阻燃剂、抗菌剂等。聚氯乙烯可生产薄膜和人造革、电线电缆的绝缘层、硬质制品、地板等。

接下来介绍氯乙烯生产方法——乙烯氧氯化法合成氯乙烯，该方法是目前普遍采用的方法。

乙烯氧氯化法合成氯乙烯分为三个步骤，

第一步：直接氯化反应，即乙烯和氯气反应生成二氯乙烷，该反应为放热反应。

第二步：氧氯化反应，即乙烯与氯化氢和氧气进一步反应生成二氯乙烷和水，该反应也为放热反应。

第三步：裂解反应，即二氯乙烷裂解生成氯乙烯和氯化氢，该反应为吸热反应。

该反应总反应式为：乙烯与氯气和氧气反应生成氯乙烯和水。

①直接氯化反应：

$$CH_2\!=\!CH_2 + Cl_2 \longrightarrow CH_2Cl\!-\!CH_2Cl \text{ 放热}$$

②氧氯化反应

$$CH_2\!=\!CH_2 + 2HCl + 1/2O_2 \longrightarrow CH_2Cl\!-\!CH_2Cl + H_2O \text{ 放热}$$

③裂解反应

$$CH_2Cl\!-\!CH_2Cl \longrightarrow CH_2\!=\!CHCl + HCl \text{ 吸热}$$

总反应方程：

$$CH_2\!=\!CH_2 + Cl_2 + 1/2O_2 \longrightarrow 2CH_2\!=\!CHCl + H_2O$$

乙烯氧氯化法合成氯乙烯的优点是整个反应过程中直接氯化反应和氧氯化反应为裂解反应供热，实现了热量的供需平衡，同时反应过程中氯化氢作为中间产物和中间原料消耗了，产物为氯乙烯和水，不产生有毒副产物，实现了清洁生产。其物料平衡流程图如图 4-5 所示。

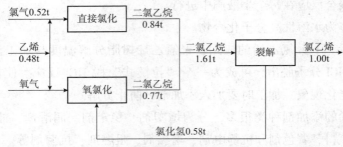

图 4 – 5 乙烯氧氯化法合成氯乙烯

二氯乙烷（EDC）热裂解过程在管式炉内在 500 ~ 550℃下进行，是强吸热反应。乙烯氧氯化反应工艺显示出极大优越性的关键：可实现无 HCl 副产。氯化铜为催化剂，氧化铝为载体。反应原料乙烯、HCl 与氧气摩尔比为 1.05∶2∶(3.6 ~ 4)。反应温度 220 ~ 300℃。$CuCl_2/\gamma - Al_2O_3$ 催化剂发展方向为（$CuCl_2$）氯化铜 – 碱金属氧化物 – 稀土金属氯化物。

4.4　环氧乙烷生产

4.4.1　环氧乙烷生产原理及工艺条件影响

环氧乙烷是最简单、最重要的环氧化物。环氧乙烷与水易发生开环反应，生成乙二醇，乙二醇可用于生产聚乙二醇；环氧乙烷也可与氨发生反应，生成一乙醇胺、二乙醇胺、三乙醇胺，醇胺在工业上用于含硫化合物的吸收剂。而乙二醇则用作溶剂、防冻剂以及合成聚酯树脂等的原料；聚乙二醇则具有优良的润滑性、保湿性、分散性、黏接性、抗静电性及柔软性等，在化妆品、制药、化纤、橡胶、塑料、造纸、油漆、电镀、农药、金属加工及食品加工等行业中均有着极为广泛的应用。

由于环氧乙烷具有含氧三元环结构，其性质非常活泼，极易发生开环反应，在一定条件下，可与水、醇、氢卤酸、氨及氨的化合物等发生加成反应。

环氧乙烷生产方法有氯醇法和乙烯直接氧化法。工业生产一般采用乙烯直接氧化法，直接氧化法又分为空气氧化法和氧气氧化法。

乙烯在银催化剂上的氧化反应包括选择性氧化和深度氧化，除了生成目的产物环氧乙烷外，还生成副产物二氧化碳、水及少量甲醛和乙醛。其主反应为乙烯与氧气反应生成环氧乙烷，平行副反应和串联副反应为乙烯与氧气生成二氧化碳和水，其反应方程式如下所示。

主反应：

$$C_2H_4 + O_2 \longrightarrow C_2H_4O$$

平行副反应：

$$C_2H_4 + 3O_2 \longrightarrow 2CO_2 + 2H_2O \ (g)$$

串联副反应：

$$C_2H_4O + 2O_2 \longrightarrow 2CO_2 + 3H_2O \ (g)$$

乙烯直接氧化法生产环氧乙烷的工业催化剂为银催化剂。在乙烯直接氧化法制环氧乙烷生产过程中，原料乙烯消耗的费用占环氧乙烷生产成本的70%左右，因此，降低乙烯单耗是提高经济效益的关键，最佳措施是开发高性能催化剂。工业上使用的银催化剂由活性组分银、载体和助催化剂组成。

在环氧乙烷催化反应过程中，催化剂载体主要功能是提高活性组分银的分散度，防止银的微小晶粒在高温下烧结，因为银的熔点比较低（为961℃），银晶粒表面原子在约500℃时即可具有流动性，所以银催化剂的一个显著特点是容易烧结，催化剂在使用过程中受热后银晶粒长大，活性表面减少，使催化剂活性降低，从而缩短使用寿命。如果催化剂载体比表面积大，有利于银晶粒的分散，催化剂初始活性高，但比表面积大的催化剂孔径小，反应产物环氧乙烷难以从小孔中扩散出来，脱离表面的速度慢，从而造成环氧乙烷深度氧化，选择性下降。因此，工业上选用比表面积小、无孔隙或粗孔隙型的惰性物质作载体，常用的有α-氧化铝、碳化硅、刚玉-氧化铝-二氧化硅等，一般载体比表面积在$0.30 \sim 0.4 \text{m}^2/\text{g}$，载体的形状有环形、马鞍形、阶梯形等。同时，载体形状选择应保证反应过程中气流在催化剂颗粒间有强烈搅动，不发生短路，床层阻力小。

含活性组分银的催化剂并不是最好的，必须添加助催化剂，研究表明，碱金属、碱土金属和稀土元素等有助催化作用，能提高反应速度和环氧乙烷选择性，还可使最佳反应温度下降，防止银粒烧结失活，延长催化剂使用寿命；此外，还可添加活性抑制剂。抑制剂的作用是使催化剂表面部分可逆中毒，使活性适当降低，减少深度氧化，提高选择性。

接下来看一下反应条件对乙烯环氧化反应的影响，影响因素有反应温度、空速、反应压力、原料配比及致稳气、原料气纯度、乙烯转化率。

（1）反应温度

反应温度是影响选择性的主要因素。100℃时产物几乎全是环氧乙烷，300℃

时产物几乎全是二氧化碳和水；工业上一般选择反应温度在220~260℃；工业上要综合考虑转化率和选择性，使环氧乙烷收率达到最高。

（2）空速

工业上采用的空速与选用的催化剂有关，还与反应器和传热速率有关，一般在 $4000 \sim 8000h^{-1}$。

（3）反应压力

加压可提高乙烯和氧的分压，也有利于采用加压吸收法回收环氧乙烷，故工业上大都采用加压氧化法。

压力太高，对设备耐压要求提高，费用增大，环氧乙烷也会在催化剂表面产生聚合和积碳，影响催化剂寿命。一般工业上采用的压力在2.0MPa左右。

（4）原料配比及致稳气

乙烯与氧的配比必须在爆炸极限以外；乙烯与氧的浓度过低，则生产能力小；乙烯与氧的浓度过高，则放热量太大。

（5）致稳气作用

致稳气为惰性气体，能减小混合气的爆炸极限，增加体系的安全性；可有效移出部分反应热，增加体系稳定性。常用致稳气有氮气和甲烷。

（6）原料气纯度

许多杂质对乙烯环氧化过程都有影响，必须严格控制。主要有害物质及危害如下。①催化剂中毒。如硫化物、砷化物、卤化物等能使催化剂永久中毒，乙炔会使催化剂中毒并能与银反应生成有爆炸危险的乙炔银。②增大反应热效应。氢气、乙炔、C_3 以上的烷烃和烯烃可发生燃烧反应放出大量热，使过程难以控制，乙炔、高碳烯烃的存在还会加快催化剂表面的积炭失活。③影响爆炸极限，如 H_2。

（7）乙烯转化率影响

单程转化率的控制与氧化剂的种类有关；纯氧作氧化剂，单程转化率在 $12\% \sim 15\%$；空气作氧化剂，单程转化率在 $30\% \sim 35\%$；单程转化率过高，加快深度氧化，选择性降低；单程转化率过低，循环气量大。同时部分循环气排空时乙烯损失大。

工艺流程包括反应部分和环氧乙烷回收、精制部分。氧化法生产环氧乙烷工艺流程如图4-6所示。

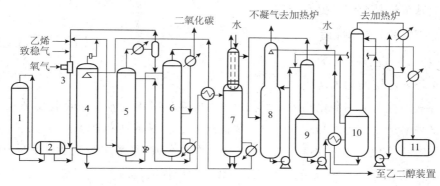

图4-6　氧化法生产环氧乙烷工艺流程示意图

1—环氧乙烷反应器；2—热交换器；3—气体混合器；4—环氧乙烷吸收塔；
5—CO₂吸收塔；6—CO₂吸收液再生塔；7—解析塔；8—再吸收塔；
9—脱气塔；10—精馏塔；11—环氧乙烷贮槽

4.4.2　环氧乙烷联产乙二醇

（1）工艺概况

环氧乙烷/乙二醇装置是乙烯主要生产装置之一，常用的工艺是 Shell 公司的氧化法，乙烯在催化剂作用下直接氧化为环氧乙烷的专利技术。

（2）工艺主要技术特点

①采用乙烯和氧气在银催化剂作用下，在高温和高压条件下直接氧化法工艺，提高生产装置的安全性。

②采用甲烷作致稳剂，可有效提高氧化反应中的氧气浓度和提高催化剂选择性。

③二氧化碳脱除系统采用添加华东理工大学化学工艺研究所提供的第三活性组分配方，可提高二氧化碳的脱除效果。

④甲烷从碳酸盐闪蒸罐注入，可有效降低二氧化碳汽提排放时的乙烯损失。

⑤进入 EO 吸收塔 C-203 的贫吸收液温度可以调节，可有效提高 C-203 塔吸收 EO 的效果。

⑥环氧乙烷精制塔 C-302/C302N 采用巴氏切割法脱除轻组分，可有效提高产品质量。

⑦乙二醇水合反应采用高温高压液相反应工艺技术。

⑧乙二醇水混合物采用三效蒸发和真空脱水工艺，有利于节能降耗。

⑨乙二醇、二乙二醇和多乙二醇混合物采用真空操作和降膜式再沸器加热，

可有效减少产品结焦，提高产品质量。

4.4.2.1 产品性质

（1）环氧乙烷（EO）

①环氧乙烷的物理性质：

环氧乙烷，又叫氧化乙烯，是无色具有醚味的有毒气体，在低于10.6℃下是液体，易溶于水、乙醇和乙醚中。一般情况下是以液体包装出售。

环氧乙烷化学性质不稳定，易聚合，在空气中的爆炸极限为3%～100%（体积分数），即使在缺氧条件下加热也有引起爆炸的危险。

由于环氧乙烷的沸点低，挥发性强，易爆，化学性质活泼，所以在贮运过程中要特别注意安全，采取特殊的措施。

其物理常数见表4-3。

表4-3　环氧乙烷的物性常数

分子量	44.050	膨胀系数	
熔点/℃	111.3	20℃	0.00161
沸点/℃	10.73	55℃	0.00170
临界温度（气体）/℃	195.8	73.9℃	0.00205
临界压力（气体）/MPa	7.19	介电常数（1℃）	13.9
相对密度	0.8711	黏度（0℃）/（mPs·s）	0.32
相对密度（对1atm，20℃空气）	1.5109	燃烧热/（kJ/mol）	1289.53
闪点（液体点火温度）/℃	-17.8	分解热（气体）/（kJ/mol）	83.6
点火温度（在1atm空气中）/℃	419 气体	蒸发热（1atm）/（kJ/kg）	569.82
自动着火点（1atm）/℃	571（气体）	比热容（液体）/［kJ/（kg·℃）］	1.04
蒸气压/MPa		比热容（1atm，34℃，气体）/［kJ/（kg·℃）］	1.12
-10.5℃	0.042	膨胀系数，（20℃）	0.00161
0.0℃	0.066	生成热（25℃气体）/（kJ/mol）	-52.67
20.0℃	0.146	蒸气绝对熵/（kJ/kg）	242.58
在水中溶解度	完全	生成蒸气的标准自由能（25℃）/（kJ/kg）	-13.06
折射率	1.3599	爆炸极限，在空气中容量/%	上限100
表面张力（20℃）/（dyn/cm）	24		下限3

②环氧乙烷的化学性质

环氧乙烷是 1，2 - 环氧化物，是环状醚中最简单的一种，因为它是三元环，所以其化学性质相当活泼。

它可以开环与醇类等多种物质发生加成反应，工业上常利用这一特性与水、醇、醛、胺、硫醇以及有机酸和酰胺等化合物进行反应，生成水溶性物质或表面活性剂。环氧乙烷在一定条件下会发生异构化反应生成乙醛，乙醛则进一步氧化成为二氧化碳和水，其反应方程式如下：

$$H_2C\underset{O}{\underline{\quad}}CH_2 \xrightarrow{\text{异构化}} CH_3CHO（乙醛）$$

$$CH_3CHO + 2.5O_2 \longrightarrow 2CO_2 + 2H_2O$$

环氧乙烷发生氧化反应而生成醇酸，发生还原反应会生成乙醇、发生聚合反应而生成聚合物；另外，环氧乙烷还能与格利雅试剂反应生成醇，还可用作弗兰德 - 克拉夫特反应的烃化试剂等。

（2）乙二醇（MEG）及其同系物一缩二乙二醇（DEG）和二缩三乙二醇（TEG）

①物理性质：

乙二醇及其同系物一缩二乙二醇和二缩三乙二醇都是高沸点黏稠液体，分子式分别为：

乙二醇　　$\begin{array}{l} CH_2\!-\!OH \\ CH_2\!-\!OH \end{array}$

一缩二乙二醇　　$O\begin{array}{l} CH_2CH_2OH \\ \\ CH_2CH_2OH \end{array}$

三缩三乙二醇　　$O\begin{array}{l} CH_2CH_2OH \\ \\ CH_2CH_2OCH_2CH_2OH \end{array}$

它们稍有甜味，但基本上是无味的。挥发性低，闪点较高，易溶于水，而且能以任何比例与水和其他许多有机溶剂互溶，吸水性超过甘油。一般物性常数如表 4 - 4 所示。

表4-4 乙二醇及其物系的一般物性常数

项目	一乙二醇	二乙二醇	多乙二醇
分子量	62.07	106.12	150.17
熔点/℃	-13	-8	-7.2
沸点/℃	197.6	245	287.4
密度/(g/cm³)	1.1154	1.1184	1.1254
闪点（开口）/℃	116	143	166
黏度（20℃)/(Pa·S)	0.021	0.036	0.048
在水中溶解度	完全	完全	完全
蒸气压（20℃)/kPa	0.016	<1.33×10	<1.33×10
表面张力（25℃)/(N/cm)	4.84×10	4.85×10	4.52×10
折射率	1.4316	1.4472	1.4559
比热容（25℃)/[kJ/(kg·℃)]	2.43	2.30	2.22
蒸发热（1atm)/(kJ/kg)	799.68	620.02	416.17
膨胀系数	0.00062	0.00064	0.00069
介电常数	38.66		

在不同条件下的物性常数见表4-5、表4-6。

表4-5 乙二醇水溶液的沸点

溶液浓度 MEG（体)/%	沸点/℃	溶液浓度 MEG（体)/%	沸点/℃
20	103	80	126
40	107	100	197.2
60	113		

表4-6 乙二醇水溶液的相对密度和冰点

乙二醇水溶液		相对密度	冰点		乙二醇水溶液		相对密度	冰点	
%（质)	%（体)		℃	℉	%（质)	%（体)		℃	℉
0.0	0.00	1.000	0.0	32.0	38.0	35.8	1.0510	-22.0	-7.0
4.0	3.6	1.0051	-1.3	29.0	40.0	37.8	1.0537	-24.0	-11.0
8.0	7.2	1.0102	-2.7	27.0	44.0	39.8	1.0590	-28.0	-18.0
12.0	10.9	1.0155	-4.4	24.0	48.0	45.8	1.0642	-33.0	-27.0
16.0	14.6	1.0209	-6.3	20.6	52.0	49.8	1.0692	-38.0	-37.0
20.0	18.4	1.0264	-8.0	17.0	56.0	53.9	1.0741	-44.0	-48.0
22.0	20.3	1.0291	-9.0	15.0	58.0	56.0	1.0766	-48.0	-54.0

乙二醇水溶液		相对密度	冰点		乙二醇水溶液		相对密度	冰点	
%（质）	%（体）		℃	℉	%（质）	%（体）		℃	℉
24.0	22.2	1.0318	−11.0	12.0	80.0	78.9	1.0999	−47.0	−52.0
26.0	24.1	1.0346	−12.0	10.0	84.0	83.1	1.1034	−40.1	−40.0
28.0	26.0	1.0374	−13.0	8.0	86.0	87.3	1.1067	−33.0	−27.0
30.0	28.0	1.0402	−15.0	5.0	92.0	91.5	1.1098	−26.0	−15.0
32.0	29.9	1.0429	−17.0	2.0	96.0	95.8	1.1127	−19.0	−3.0
34.0	31.9	1.0456	−18.0	−1.0	100.0	100.0	1.1155	−13.0	9.0
36.0	33.8	1.0483	−20.0	−4.0					

②化学性质：

乙二醇、二乙二醇和多乙二醇都是脂肪族二元醇，它们的化学性质因分子中含有羟基，很类似于乙醇。

乙二醇可与羧酸发生酯化反应生成酯，与二羧酸进行缩聚反应生成聚酯，与酮醛也能发生反应，另外乙二醇还能发生醚化反应、脱水反应、氧化反应等。

乙二醇与环氧乙烷作用时生成二乙二醇、多乙二醇及多元醇。

$$MEG + H_2C\overset{\displaystyle\diagup\ \ \diagdown}{\underset{O}{\diagdown\diagup}}CH_2 \longrightarrow HOCH_2\text{—}CH_2\text{—}O\text{—}CH_2\text{—}CH_2OH(DEG)$$

$$DEG + H_2C\overset{\displaystyle\diagup\ \ \diagdown}{\underset{O}{\diagdown\diagup}}CH_2 \longrightarrow HOCH_2CH_2\text{—}O\text{—}CH_2CH_2\text{—}O\text{—}CH_2CH_2OH(TEG)$$

4.4.2.2　产品规格

各联产产品规格指标如表4−7所示。

表4−7　环氧乙烷产品指标

项目	优等品指标
环氧乙烷的质量分数/%　≥	99.95
总醛（以乙醛计）/%　≤	0.003
水分的质量分数/%　≤	0.01
酸度（以乙酸计）/%　≤	0.002
二氧化碳/%　≤	0.001
色度（铂−钴色号）/Hazen 单位　≤	5

4.4.2.3 产品、副产品用途

(1) 环氧乙烷（EO）

目前世界上在乙烯系列产品中，EO 的产量仅次于聚乙烯占第二位。EO 主要用于生产乙二醇，还大量用于生产非离子型表面活性剂、乙二醇醚、乙二醇胺、防腐涂料以及其他多种化工产品。在合成纤维工业中，EO 也可以直接作为中间体代替乙二醇制造聚酯纤维和薄膜。EO 是一种具有广泛用途的合成中间体。以下是几例主要用途：

乙醇胺类：

一乙醇胺——农用喷雾乳化剂、肥皂与洗涤剂中间体、腐蚀抑制剂、酸性气体吸收剂。

二乙醇胺——液态洗涤剂、纺织用特殊化学品、树脂与增塑剂的中间体。

三乙醇胺——化学品用脂肪酸肥皂、干洗肥皂和洗发肥皂。

表面活性剂类：

乙氧基烷基苯酚——非离子型表面活性剂。

乙氧基高级醇——非离子型表面活性剂。

聚乙二醇脂肪族酯类——非离子型表面活性剂、食品乳化剂。

乙二醇醚类：

乙二醇甲基醚——溶剂、喷气式发动机燃料添加剂。

乙二醇乙基醚、丁基醇——溶剂。

一缩乙二醇醚类——溶剂。

(2) 乙二醇

乙二醇英文名为 ethylene glycol，化学式为 $(CH_2OH)_2$，简称 EG，又称 1，2-亚乙基二醇、甘醇。是目前发现最简单的二元醇。乙二醇是有甜味、无色无臭的液体，对动物有毒性，在 1.6g/kg 时会导致人类致死。乙二醇在醚类中溶解度较小，但是能和丙酮、水以任意比例互溶。乙二醇的用途非常广泛，可以通过聚合制备聚酯树脂、聚酯涤纶等多聚物产品，与其他一些有机物合成增塑剂、吸湿剂，还可以用作防冻剂、合成涤纶以及溶剂的原料。乙二醇理化性质如表 4 −8 所示。

表4-8　乙二醇理化性质一览表（25℃，100kPa）

分子量	62.068	冰点/℃	-12.9℃
外观	无色液体	闪点/℃	111.1℃
熔点	-12.9℃	表面张力	46mN/m
沸点	197.3℃	蒸气压	0.06mmHg
密度	1.1135g/cm³	黏度	25.66mPa·s
溶解性	与水互溶	稳定性	稳定
自燃温度	410℃		

4.4.2.4　生产原理

乙二醇生产主要分为两大部分，第一步为乙烯在银催化剂作用下与纯氧氧化生成环氧乙烷，第二步为环氧乙烷水溶液在一定压力和温度下水解生成乙二醇。

主反应如下：

$$H_2C\underset{O}{\overset{}{\diagdown\diagup}}CH_2 \ + \ HOH \ \longrightarrow \ \underset{OH}{H_2C}-\underset{OH}{CH_2}$$

副反应如下：

$$H_2C\underset{O}{\overset{}{\diagdown\diagup}}CH_2 \ + \ \underset{OH}{H_2C}-\underset{OH}{CH_2} \ \longrightarrow \ \underset{OH}{H_2C}-CH_2-O-CH_2-\underset{OH}{CH_2}$$

4.4.2.5　工艺过程概述

直接水合法首先要将环氧乙烷与水按照1∶20的摩尔比混合，然后混合物料进入换热器（E）内进行换热，换热完成后物料由泵（P）运送到水解反应器（E）内进行反应，反应的压力为2.23MPa，温度在190~200℃，反应的时间大概为30min。该反应是放热反应，反应后离开水解反应器的混合物料中，含有主要产物乙二醇，还有副产物二乙二醇、高分子量的聚乙二醇以及三乙二醇，其中乙二醇的含量大概为10%，然后对物料进行降压降温后进入四效蒸发系统（T1、T2、T3、T4）和干燥塔（T5）内进行脱水干燥，接着再进入乙二醇精馏系统（T6），在塔顶得到纯净的乙二醇产品。塔底混合物进入乙二醇再生塔（T7）回收其中的乙二醇，塔釜液进入二乙二醇分离塔（T8），塔侧线采出高纯度的二乙二醇产品，塔底混合物进入三乙二醇塔（T9），侧线采出高纯度的三乙二醇产品。该法环氧乙烷的转化率基本可达到100%，乙二醇的选择性为90%左右。其中环氧乙烷直接水合制乙二醇工艺的流程简图如图4-7所示。

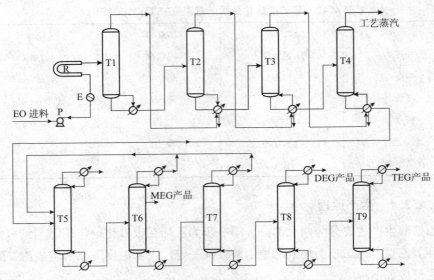

图 4 – 7　环氧乙烷直接水合法制乙二醇工艺流程简图

4.4.2.6　反应精馏技术制备乙二醇

随着反应精馏技术的发展，在环氧乙烷水合法制乙二醇中也得到了一些应用，其工艺流程图如图 4 – 8 所示。这个流程由三个塔构成，环氧乙烷从储罐中由泵输送到反应精馏塔（T101）精馏段下部进料，水从精馏段上部进料，水与环氧乙烷的进料比为 1.0 ~ 3.0，在 170 ~ 220℃ 的温度，压力为 0.8 ~ 2.0MPa 的

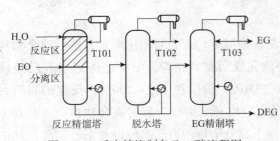

图 4 – 8　反应精馏制备乙二醇流程图

条件下进行反应。反应精馏塔使用再沸器间接加热，为提高乙二醇的选择性在塔顶使用部分回流法，并且为人充分利用热量，塔顶蒸汽用来加热脱水塔（T102），冷凝液送回反应精馏塔顶回流。水跟环氧乙烷在反应

精馏塔反应后，在塔内被分离。反应精馏塔釜出料进入脱水塔内脱水，塔顶蒸汽冷凝后部分回流至反应精馏塔循环使用。脱水塔塔釜出料进入 EG 精馏塔（T103），塔顶蒸汽冷凝后部分回流，部分采出，塔顶采出部分为乙二醇产品，塔底采出部分为副产品二甘醇（DEG）。通过此工艺实验获得的结果表明，环氧乙烷的转化率达 100%，乙二醇选择性达 92% 以上。

模拟主要流程如下：首先 F1 进料流股为水，F2 进料流股为环氧乙烷，按照

水烷比为 10：1 的关系，由泵运输到反应精馏塔（T101）中进行反应，其中水的进料位置为第二块塔板，环氧乙烷进料位置则为第七块塔板，反应完成后，多余的水从塔顶排出，反应产物则由塔底流出。从反应精馏塔（T101）塔底流出的产物，由泵（P3）输送到脱水塔（T102）内脱水，经过脱水后，水从塔顶流出，粗乙二醇产品从塔底流出。从脱水塔（T102）塔底流出的粗乙二醇产品，由泵（P4）输送到乙二醇精制塔（T103）内精制，经过精制后，乙二醇产品从精制塔（T103）塔顶流出，塔底流出的则是副产物 DEG（图 4 - 9）。其中全流程模拟过程中主要一些物性参数及工艺参数如表 4 - 9 所示。

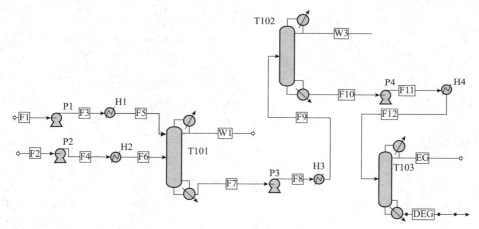

图 4 - 9　乙二醇生产流程模拟图

表 4 - 9　主要物性参数及工艺参数

模块	物性方法	主要参数					
P1		出口压力/MPa					1.1
P2							1.1
P3							0.7
P4							0.3
		板数/块	进料板/块		回流比	采出率	塔顶压力/MPa	塔底压力/MPa
T101	UNIFAC	11	水	2	10	0.28	1	1
			EO	7				
T102		13	9		0.5	0.0374	0.13	0.3353
T013		15	7		1	0.98	0.003	0.017
		温度/℃				压力/MPa		
H1		35				1.1		

模块	物性方法	主要参数	
H2		35	0.1
H3		23	0.4
H4		200	0.2

经过全流程模拟，其中环氧乙烷的转化率基本达到100%，乙二醇选择性基本达到96%，最终乙二醇产品的纯度大于99.9%，符合设计的要求。

第5章 C_5/C_9 馏分及其化工产品利用路径

5.1 C_5 馏分及其利用路径

5.1.1 产品特性

C_5 是指从石油化工企业各生产装置所得到的 C_5 馏分或 C_5 单组分。其中，以石油烃类裂解制乙烯装置副产的 C_5 为最多，其产量与裂解原料的组成、裂解炉操作条件和脱戊烷塔的操作条件等有密切关系。

C_5 馏分中含有许多很有价值的化工原料，包括异戊二烯（IP）、环戊二烯（CPD）、间戊二烯、异戊烯、1－戊烯、2－丁炔、3－甲基－1－丁烯、环戊烷、环戊烯、异戊烷、正戊烷等。其中，异戊二烯、环戊二烯和间戊二烯的含量要占裂解 C_5 馏分的 40% ~55%。这些双烯烃和单烯烃，由于其特殊的分子结构，化学性质活泼，可以合成许多高附加值的产品，是进行化工利用的有效资源。

裂解 C_5 的总产率、组成和二烯烃产率主要取决于裂解原料的性质，一般气态烃（C_2 ~C_4 烷烃）裂解所得的 C_5 产率为乙烯产量的 2% ~6%；而液态烃（如石脑油和轻柴油）为裂解原料时，C_5 产率可达到乙烯产量的 14% ~20%。

5.1.2 利用路径

随着石油工业的发展，以液态烃为原料制取乙烯的生产能力不断增长，裂解 C_5 来源将日趋丰富，当前 C_5 利用的重点仍集中于化学性质活泼、含量较高的二烯烃，工业利用和开发趋势为：

①由混合利用转向分离单组分的利用；

②化工利用的开发重点在于制取量大面广的大宗化工产品；

③单组分利用向附加值高的精细化工产品方向发展，技术开发活跃，应用领域不断扩大。

此外，由上述中间产品出发，还可以合成环氧树脂固化剂、涂料、油墨、黏合剂、橡胶配合剂、防水处理剂、纺织品上浆剂、工程塑料改性剂及生产溶剂油、车用汽油调和组分等。中国具有绿色环保标志的香料和马路标红漆的生产有巨大的市场空间。随着全世界化工的发展，C_5 馏分将会得到更加广泛的应用。

5.1.3　C_5 馏分分类

（1）异戊二烯

在裂解 C_5 馏分中，异戊二烯的含量约占裂解 C_5 馏分的 15% ~ 20%，含量较丰富。在所有 C_5 分离的单组分中，以异戊二烯的用途最为广泛，目前主要用于生产 SIS（苯乙烯 – 异戊二烯 – 苯乙烯嵌段共聚物）、甲基四氢苯酐和甲基六氢苯酐，少量用于生产丁基橡胶、异戊橡胶、合成萜烯类化合物、新激素、维生素 E、化妆品、香料、低毒农药杀虫剂等。俄罗斯、美国和日本是全球最主要的异戊二烯生产国和消费国。目前中欧、东欧和美国异戊二烯消耗量占全球消耗量接近 75%，预计将来也是这个水平。美国是全球最主要的异戊二烯浓缩液买家，除了从国内采购外，主要从巴西、加拿大购买异戊二烯浓缩液，用于生产高纯异戊二烯。俄罗斯生产的异戊二烯大部分也都在其国内消耗，只有少量用于出口。日本异戊二烯出口量也较少。因此国际市场上高纯度异戊二烯主要自用，商品量不大。国际上异戊二烯主要用于生产 SIS 和异戊橡胶，其中 SIS 约消耗 40% 的异戊二烯，异戊橡胶约消耗 35% 的异戊二烯，其他产品消耗 25% 的异戊二烯。预计今后国际上对异戊二烯的需求仍将小幅度稳步增长。随着我国汽车工业的飞速发展，车用橡胶的用量也大幅度增长。目前我国车用橡胶大量依赖进口天然橡胶，而进口天然橡胶的价格较高且波动大，而以异戊二烯为原料生产的异戊橡胶几乎可完全代替天然橡胶，因此今后对异戊二烯的需求将会稳步增长。

2010 年 8 月山东鲁华化工有限公司利用自主技术建设的 1.5 万吨/年异戊橡胶装置投产，该装置的投产填补了国内异戊橡胶生产的空白。

2010 ~ 2015 年间，中国石油、中国石化以及部分民营公司的多套异戊橡胶装置将陆续建设投产，我国异戊橡胶生产能力将到 20 万吨/年以上，预计到 2015 年对异戊二烯的需求量也将达到 20 万吨/年左右，届时异戊橡胶将超过 SIS 成为异戊二烯的第一大消费领域，对异戊二烯的需求也将大幅度增加。

（2）间戊二烯

间戊二烯占裂解 C_5 馏分的 10% ~ 20%，主要用于生产脂肪族石油树脂、甲基四氢苯酐和甲基六氢苯酐，少量用于生产香料中间体等精细化工产品。从用途上看，全球绝大多数的间戊二烯主要用于生产 C_5 石油树脂。而石油树脂主要用于胶黏剂、涂料添加剂等，广泛应用于食品、饮料、酒类的纸箱封箱；妇女卫生巾、婴儿纸尿裤等一次性卫生用品的制作；木工家具的制作；书本的无线装订；标签、胶带、道路标志漆的生产等，用途非常广泛，并且存在很大的市场潜力。目前我国树脂加氢技术不成熟，国内企业大部分生产档次较低的粗石油树脂及改性石油树脂，产品竞争力差，利润低，而高档加氢树脂主要依靠进口，因此需要国内生产厂商和研究机构加大加氢树脂的研发力度。

（3）环戊二烯

环戊二烯占裂解 C_5 馏分的15%～17%，目前主要用于生产双环戊二烯改性的不饱和聚酯树脂、双环戊二烯改性石油树脂、吡虫啉、抗氧剂、改性 UPR 和金刚烷、啶虫脒、乙叉降冰片烯、香料等。在国内，双环戊二烯的下游用途目前主要集中在不饱和聚酯树脂生产上，其他用途目前还无法像不饱和聚酯这样大量消耗 DCPD。双环戊二烯可有效降低不饱和聚酯树脂的生产成本，并可改善气干性能、部分机械性能、耐热性能等。纵观国际市场和我国市场的经济发展，不饱和聚酯树脂产业在今后 5～10 年内还有一个持续发展的大好时机，并将随着市场经济的提升，将成为市场主流，产品需求将向高品质发展。

5.1.4 生产分离工艺

裂解 C_5 馏分首先进入脱轻塔，塔顶脱除异戊二烯、C_3、C_4 等轻组分送入脱 C_4 塔，塔底间戊二烯、环戊二烯等重组分进入二聚反应器进行环戊二烯的二聚反应，反应温度 80～120℃，反应时间 2～4h。二聚反应器产物进入脱重塔进行双环戊二烯与其他轻组分的分离，塔顶分出粗间戊二烯去间戊二烯精制塔进行精制，得间戊二烯产品，塔底重组分进入双环戊二烯塔经减压蒸馏，塔底可得双环戊二烯产品。

送入脱 C_4 塔的轻组分，在塔顶脱出 C_3、C_4 组分后，塔底富含异戊二烯的组分送入萃取塔，与塔顶加入的二甲基甲酰胺接触，以实现异戊二烯与其他烯烃的分离，萃取塔顶部脱出戊烷、戊烯及其他烯烃馏分，塔釜二烯烃和溶剂进入汽提塔进行异戊二烯与溶剂的分离，汽提塔釜 DMF 返回萃取蒸馏塔循环利用，同时抽取少量溶剂去溶剂精制系统脱出杂质，汽提塔顶部蒸出的二烯烃经水洗后送至异戊脱重塔，塔釜分出少量间戊二烯和环戊二烯去间戊二烯精制塔，塔顶分出的粗异戊二烯至脱炔烃塔，塔顶蒸出炔烃及烯烃等轻组分，塔底采出异戊二烯产品。

5.2　C$_9$馏分及其利用路径

C$_9$芳烃作为催化重整和裂解制乙烯副产物中含九个碳原子的芳烃馏分，主要组分有异丙苯、正丙苯、乙基甲苯、均三甲苯、偏三甲苯、邻三甲苯、茚、甲茚、DCPD和DMCPD等。C$_9$芳烃是重整重芳烃主要成分，主要通过提炼石油经过催化裂解后，精馏分离出其他馏分后的剩余主要液体粗馏分，作为精细化工原料，具有很高的经济效益。

乙烯装置副产的C$_9$芳烃馏分（简称裂解C$_9$），约占装置总产量的10%~20%。随着我国石油化工的迅速发展，特别是乙烯的生产能力逐年提高，裂解C$_9$的数量也在不断增加。乙烯裂解原料主要有乙烷、丙烷、丁烷、石脑油、柴油等，均副产C$_9$芳烃，但其产量和组成随着裂解原料的不同而不同。以全馏分石脑油为裂解原料时，所得到的C$_9$馏分可高达12.49%。

C$_9$石油树脂是以乙烯装置副产的裂解C$_9$馏分为主要原料制成的高分子化合物，常温下为玻璃态热塑性固体。由于C$_9$石油树脂分子结构中不含极性基团，与油品、油脂、合成树脂相容性好，具有广泛的用途。但由于C$_9$石油树脂中含有较高的不饱和键，在氧或其他化学物质作用下易发生反应，因此存在颜色深、热氧化稳定性低、粘接性差等缺点。对C$_9$石油树脂加氢可以较好地解决这些问题，在涂料行业，使用加氢C$_9$石油树脂生产的路标涂料，可以改善其耐久性和耐候性，使其寿命由原来的1年延长到3年，胶黏剂行业用加氢C$_9$石油树脂生产一次性尿布和特种卫生巾用胶黏剂，不仅降低了生产成本，而且明显改善了胶黏剂的色度、互容性和耐老化性。因此，随着特种黏合剂、新型涂料、油墨、高速公路路标漆的发展，对氢化优质C$_9$石油树脂的需求量急剧增长。

5.2.1　我国C$_9$资源概况

我国石油产业在20世纪末已开始飞速发展，其中代表工业发展水平的乙烯的产量也随之快速增长，总产量从最初的100多万吨，增长到435万吨，增长了1.8倍，经过十年发展，在2000年总产量已达到已超过400万吨，达到世界前列水平。20世纪初我国的十几套乙烯生产设备年产量已超过400万吨。2003年国内乙烯生产能力达到$6 \times 10^6 t/a$，截至2010年我国乙烯的生产能力已超过$1.6 \times 10^7 t/a$，在亚洲仅比日本少。我国的三大石油巨头中国石油、中国石化和中国海洋石油总公司等还正积极和国外跨国公司建立合资项目，已立项3项，年产量约

400 万吨。有数据表明，我国从 2000 年开始由 500 万吨/年，经过二十年发展后，2020 年的总产量翻了一倍。

经过裂解石脑油分离 C_5 和 $C_6 \sim C_8$ 成分后剩下的液体就是乙烯生产的副产物 C_9 成分，其产量约占乙烯总产量的十分之一到五分之一。在我国主要的乙烯生产厂家都是用轻柴油和石脑油作为原料，按照上面的比例来算，则 2003 年我国裂解 C_9 产量达到了 60 万吨左右，2010 年达到了 180 万吨左右。裂解 C_9 产量从 55 万吨/年增加到 110 万吨/年。如此丰富的 C_9 资源不能很好利用是一种极大的浪费。因此，如果能合理资源化的利用裂解 C_9，开发新的价值领域，可充分提高乙烯副产品的价值。

5.2.2 我国 C_9 资源主要组成及其指标

裂解 C_9 馏分是沸点 ≤240℃ 的 150 多种芳香烃组分的复杂混合物，无固定的组成，而且分布非常分散，不易分离。从芳烃石油树脂合成工艺的角度出发，可将其分成两类。一类可以进行聚合的活性组分，如：苯乙烯和乙烯基甲苯类、双环戊二烯（DCPD）等；另一类非活性组分，如烷基苯及稠环芳烃等，在聚合时起到溶剂的作用，反应后可被蒸馏出来。裂解 C_9 原料中一般含有大约 50% 的可聚性单体。裂解 C_9 馏分典型组成见表 5 − 1。这些组成随裂解原料、裂解深度、裂解装置等因素的变化而变化。

表 5 − 1 裂解 C_9 馏分典型组成

组分	质量分数/%	组分	质量分数/%
环戊二烯	0.08	甲苯苯乙烯	10.59
苯	1.53	甲基苯乙烯 + 甲基乙基苯	10.18
甲苯	5.98	乙基乙烯基苯	3.49
乙苯	2.26	茚满	1.08
对二甲苯	8.54	茚	12.52
苯乙烯	13.08	不饱和烃	6.96
邻二甲苯	4.25	甲基茚	2.55
丙烯基苯	0.60	萘	9.62
三甲苯 + 甲基乙苯	4.73	甲基萘	1.21

C_9 馏分成分复杂，虽然富含活性组分，但由于其沸点较高而且相差不大，要逐一分离需要特殊装置和工艺，难度很大，现在 C_9 受现实状况影响，主要作为燃料烧掉，综合利用价值很低。

5.2.3　C_9 目前综合利用

裂解 C_9 馏分组成复杂，约有 150 多种，而且其中不饱和组分较多，C_9 中含有大量作为聚合反应的原料芳烃，一般是不饱和烯基和稠环芳烃。现在作为乙烯副产物的 C_9 馏分基本上都白白烧掉或合成石油类树脂。目前，关于裂解 C_9 的综合利用主要以生产芳烃石油树脂、芳烃溶剂油及抽提苯乙烯为主。

5.2.4　C_9 芳烃概况、生产及其应用

（1）C_9 芳烃溶剂油概况

溶剂油应用很广泛，是主要的石油产品，以不同的化学结构来说，主要是链状烷烃、环状烷烃和芳香族烃等。石油类溶剂约占世界有机溶剂总产量的三分之一，高沸点芳烃溶剂油 C_9 及 C_9 以上组分约占 15%，每年需求量大约 1000 万吨。国内的企业主要通过分离单环苯系列芳烃后剩余的重芳烃，经过吸附漂白工艺后得到最终产品就是重芳烃轻质油。

（2）二甲苯

我国二甲苯混合物主要含有对二甲苯、邻二甲苯和间二甲苯以及乙基苯，大约有一半的二甲苯混合物用来合成有机染料、建筑涂料和油漆，五分之一用于合成其他有机材料，剩余的用来生产农药和油墨和各类添加剂等。对于二甲苯混合物主要是溶解级和异构级，是按照芳烃组分中的不同成分量的多少来区分的。我国是世界上第二大油漆与涂料市场，仅次于美国。2017 年中国油漆与涂料总产量约为 1620 万吨，比 2006 年增长 122.3%。据统计，中国 2018 年上半年油漆与涂料的产量约为 2320 万吨。由于受全球经济增长放缓的影响，2019 年中国油漆与涂料市场增速明显下降。然而，中国仍然是世界油漆与涂料市场增速最快的地区之一。建筑涂料、汽车 OEM 涂料、汽车修补漆、木器漆、船舶用漆、防腐涂料、卷材涂料等是应用最广的油漆与涂料品种。其中，建筑和木器是中国油漆与涂料市场中最大的两个应用，二者销售量分别占总销量的 30% 和 24%。汽车 OEM、汽车修补、船舶、防腐、卷材是未来前景看好的应用领域，预计这些应用领域的油漆与涂料市场将保持高的增长速度。目前市场处于饱和状态，由于油漆市场萎缩，大部分企业处于减产停产的状态，因此混合二甲苯的需求也相对减少。但是，随之汽车和家电市场的快速增长，对于高档油漆的需求也越来越高，许多油漆厂家通过技术改造，不断提高产品的性能和质量，来满足市场需求。

（3）石化产品

随着我国石化产业的不断升级改造，石化产品的应用空间也不断增加，异构级混合二甲苯可以作为其他有机物合成的基础原料。

我国的混合二甲苯的需求很大，目前的生产能力和生产质量还不能满足快速发展的市场需求，需要大量的从国外进口。中国是混合二甲苯需求最大的国家，2012 年混合二甲苯产量和消费量都约 1000 万吨，但是仍处于供不应求的局面。

（4）裂解 C_9 生产工艺

通过分离成分复杂的 C_9 馏分，比较容易得到甲基苯乙烯类、环戊二烯类、茚等，由于 C_9 复杂的成分，而且通过传统的精馏方法，精确分离在工艺上达不到要求。甲基苯乙烯类、环戊二烯类、茚等是比较容易从 C_9 馏分中分离的组分。

5.3　C_9 生产芳烃石油树脂

合成 C_9 芳烃石油树脂常用的方法有热聚合、催化聚合和自由基聚合 3 种。石油树脂的许多物化性质中，最重要的是软化点、色相。要求其软化点 50～40℃，色相小于 13，浅黄至暗褐色。C_9 馏分的聚合方式对 C_9 芳烃石油树脂的色相、软化点有着较大的影响。

5.3.1　热聚合

C_9 芳烃石油树脂的热聚合反应一般是将 C_9 馏分在反应釜中加热到 260℃ 左右，首先由两个可聚物的分子形成 Diels – Alder 加成中间体，再与另一个可聚组分的分子反应，生成两个自由基，而后引发聚合。热聚合方法合成 C_9 芳烃石油树脂生产工艺具有消耗低、污染小、投资少、成本低等优势，是一个大有发展前景的技术方向，对提高 C_9 芳烃资源利用率，建设环境友好的化工生产装置具有重要意义。制苯 C_9 芳烃馏分中，DCPD 含量较高，易采用此新工艺生产 C_9 芳烃石油树脂。

针对一般热聚合石油树脂的缺点，国内的一些生产企业和研究单位相继开发了热聚合新技术与新工艺。茂名华粤石油树脂厂采用了连续压力热聚合法生产出软化点为 90～120℃，色相为 12～18 的石油树脂，并已于 2005 年 5 月建成投产。该工艺方法以裂解 C_9 为原料制备 C_9 芳烃石油树脂，原料预热至 160～180℃后，经多步连续压力热聚，再通过闪蒸分离而得。其中，每步压力热聚的压力为 0.1~2.0MPa，相邻两步压力热聚的出口温度逐渐升高，相差 15~25℃，最后一步压力热聚的出口温度为 250~270℃。该工艺与间歇式的热聚工艺相比，产量更大，单位产品的成本大大降低。与单步的热聚工艺相比，各个热聚反应器的温度和压力负担也大大减轻，生产的安全性大大提高。此工艺不需要任何引发剂、催化剂，从而避免了使用这些试剂可能造成的环境污染。

天津大学石油化工技术开发中心以富含双环戊二烯的裂解 C_9 馏分为原料，开发无污染的热聚合法芳烃石油树脂生产新工艺。经过对原料预分离、热聚合、降膜蒸发等过程的试验研究，确定了适宜的工艺条件，获得了软化点 90~120℃、树脂色相为 9 以下的高品质石油树脂产品。

5.3.2　催化聚合

C_9 芳烃石油树脂的催化聚合反应是阳离子型加聚反应。C_9 单体在催化剂的作用下，形成碳正离子活性中心，引发链式聚合，从而合成石油树脂。催化聚合反应一般包括链引发、链增长、链转移和链终，活性中心受离子对的离解程度影响很大。反应介质、溶剂不同，活性中心也不同。催化聚合法在合成 C_9 芳烃石油树脂中是出现最早的、应用最广的，大部分文献中提到的石油树脂合成工艺都是用催化聚合法。催化聚合生产 C_9 芳烃石油树脂的反应温度低、速度快，能耗小、易于操作、产品质量好、颜色浅、产率高。但产品的软化点偏低，水洗或者碱洗时易发生烃油乳化现象，产品的后处理麻烦，对设备的腐蚀性强，易造成环境污染。

在催化聚合新工艺研发方面，湖北襄樊市化工研究所开发了两段聚合工艺及两次聚合工艺。当裂解 C_9 中双环戊二烯的质量分数小于 15% 时，采用两段聚合工艺。工艺流程为：在前段用较低的反应温度，逐步滴入催化剂，使活性高的单体先逐步聚合；聚合至一定程度时，提高反应温度进行后段聚合。这样既可避免生成凝胶物质，又能提高树脂收率，且树脂色度比一步法浅 2~3 号。

当双环戊二烯的质量分数大于 15% 时，采用两次聚合工艺。工艺流程为：在极少量催化剂存在下，使活性较高的双环戊二烯先进行选择性聚合，再将其分离。对双环戊二烯含量很低的馏分采用油热沸腾水洗法，脱除预聚合树脂中的催化剂；然后进行蒸馏切割，前馏分为苯乙烯及混合甲基苯乙烯，后馏分为茚及甲基茚。将前馏分和后馏分分别进行二次聚合得到 2 种不同的树脂，制备的树脂具有色浅、软化点高、耐水、耐腐蚀、耐热、耐老化等优良性能。

用于生产 C_9 芳烃石油树脂的催化剂主要分成两类：一类是强质子酸，如 H_2SO_4、$HClO_4$、H_3PO_4；另一类是 Lewis 酸，如 BF_3、$BF_3O(C_2H_5)_2$、BCl_3、$AlCl_3$、$TiCl_4$ 等。强质子酸的催化活性低，腐蚀性强，且难于分离；Lewis 酸中以 BF_3 和 $AlCl_3$ 应用最广。使用 $AlCl_3$ 比 BF_3 更容易得到高分子量、高软化点的树脂，但产出树脂的颜色深，脱催化剂困难，产品主要用作橡胶助剂。$AlCl_3$ 或 BF_3 与苯酚、脂肪酸、醛、醚、烷基铝发生络合反应制得催化剂，反应活性很高，使用方便。如用 $AlCl_3$ 与乙醚反应作为催化剂，聚合 C_9 150～200℃ 的馏分，得到的树脂耐候性能好、软化点高，一般用作路标漆、塑料薄膜的助剂。

在聚合催化剂的选用上，国内科研人员做了大量工作。如以三氟化硼乙醚溶液作聚合催化剂合成了色泽浅、软化点高的 C_9 芳烃石油树脂；以 $AlCl_3$ 和 BF_3 乙醚络合物作为催化剂，亚磷酸醋作终止剂，采用过滤法脱除催化剂；采用无水 $AlCl_3$ 为催化剂合成油溶性 C_9 芳烃石油树脂，用醇洗法脱除催化剂；以三氟化硼乙醚络合物为催化剂，对抽余 C_9 聚合制备 C_9 芳烃石油树脂进行了实验研究，得到了软化点大于 100℃，收率大于 80% 的树脂样品；以三氟化硼乙醚络合物（$BF_3 \cdot Et_2O$）和 $AlCl_3$ 复合物为催化剂，采用两段聚合法制备 C_9 石油树脂和芳烃溶剂油。另外，固体酸催化剂也成为催化聚合合成 C_9 芳烃石油树脂的热点之一。

5.3.3　自由基聚合

自由基聚合是由于裂解 C_9 组分分子中存在大量的不饱和键（孤对电子），在引发剂的作用下可形成自由基，并引发链聚合，合成产品后加入固体阻聚剂终止反应。在石油树脂的自由基聚合中，常用的引发剂是过氧化物和脂肪酸钠或者它们的混合物。引发剂的用量和配比对产品质量影响比较大。自由基聚合法生产的树脂软化点高、色泽透明、色度浅，产品的分子量分布比较均匀。自由基聚合对原料的要求高，产率低，在生产过程中需要加入终止剂和机械压滤，使它的应用范围受到一定的限制。卞克建等提出采用自由基聚合法合成 C_9 芳烃石油树脂，不需要水洗或者碱洗，抽出溶剂后直接得到树脂产品，节省树脂的后处理过程。

热聚合、催化聚合以及自由基聚合 3 种生产方法各有利弊，可视原料组成、产品用途及生产条件来选择技术路线。3 种合成方法技术路线的对比见表 5－2。

表 5-2   C$_9$芳烃石油树脂 3 种合成技术对比

项目	热聚合	催化聚合		自由基聚合
		酸催化聚合	固体酸催化聚合	
催化剂	无	AlCl$_3$、BF$_3$	P$_2$O$_3$/SO$_3$	过氧化物
反应温度	高	低	较高	较高
反应压力	较高	常压	常压	常压
反应时间	短	中	中	长
废水处理	无	有	无	无
树脂色相	较浅	较深	较深	较深
软化点	高	较高	较深	低

5.3.4   C$_9$加氢石油树脂应用

C$_9$加氢石油树脂属于高档专用石油树脂。含有 10% ~30% 加氢石油树脂的路标漆具有足够的耐久性、良好的热稳定性和耐候性，干燥速度快，寿命为普通溶剂型路标漆的 3 倍。石油树脂可作为沥青材料的主要添加剂，用于房屋建筑、密封、涂层和防洪建筑，特别适用于铺设彩色路面。为了解决单独使用聚丙烯或聚丁烯作为医用容器及包装材料时存在的耐热性差、透明性差和柔软性差等问题，可用 C$_9$加氢石油树脂作为添加剂加以改性。

5.4   生产芳烃溶剂油

C$_9$芳烃溶剂油与二甲苯性质较接近，且挥发性适中，对各种树脂均有很强的溶解力，主要用作工业溶剂和油漆稀释剂，深受油漆厂的欢迎。据统计，我国对芳烃溶剂油的需求量达 300 万吨/年，但限于国内生产厂家的规模及技术水平，其产品质量和数量尚不能满足市场需求。

目前，国内主要以重整重芳烃为原料生产 C$_9$芳烃溶剂油，少部分为生产石油树脂副产的高芳烃溶剂油。用乙烯副产 C$_9$芳烃生产石油树脂的同时，会联产一定数量的高沸点芳烃溶剂油，但其气味和色相指标还有欠缺。直接以乙烯装置副产 C$_9$馏分为原料生产芳烃溶剂油难度就更大，主要因为这种 C$_9$馏分中活性组分芳烯烃质量分数高达 50% ~70% ，原料成分复杂、有害物含量高、色相较重、安定性差并有强烈的异味，一般采用加氢方法去除烯烃成分和消除异味，但要生产出高品质的芳烃溶剂油，加氢的难度也非常大。

5.4.1　原料预处理

裂解 C_9 馏分中含有很多胶质，对加氢催化剂的破坏作用非常明显。尽管已开发出胶质耐受能力较强的新催化剂体系，但仍要求胶质的含量在 50mg/L 以下，才能保证催化剂的高活性和长寿命运行。否则生产成本会急剧升高，影响企业的经济效益。所以，必须在进入加氢反应器之前对原料进行预处理，脱除原料中的胶质。考虑到裂解 C_9 馏分中烯烃质量分数高达 50% ~ 60%，尤其其中的苯乙烯和双环戊二烯（DCPD）具有强热敏性，在受热条件下极易热聚合形成石油树脂而造成物料损失。因此，原料预处理采用减压蒸馏方法，工艺设备采用高效低阻的规整填料塔，以尽量降低操作温度和缩短受热时间。

5.4.2　两段加氢催化剂

第一段加氢的目的是将易生胶的二烯烃转化为单烯，将烯基芳烃转化为芳烃。该步反应条件需较缓和，以免二烯烃迅速聚合生焦。裂解 C_9 一段加氢催化剂的研制和开发是整个工艺的另一技术关键。目前国内外加氢催化剂分两种：一种是贵金属催化剂，其特点是活性高，但价格昂贵，易中毒，原料预处理过程复杂；另一种是非贵金属催化剂，其优点是对硫和砷等杂质敏感性低，对原料适应性强，且价格便宜，但活性较低。

第二段加氢是为了使单烯烃得到饱和，并脱除硫、氮、氧、氯和重金属等化合物，总是在较高温度气相下进行反应。二段催化剂一般用钴－铂、镍－铂、镍－钴－铂等金属硫化物，在较高温度（288~427℃）下进行气相加氢反应。

5.4.3　沸程切割

裂解 C_9 两段加氢后，其色相、溴价、溶解性、腐蚀性等指标都已满足了芳烃溶剂油的质量要求，闪点、沸程等指标还需进一步改善。其原因主要是在加氢过程中使整个溶剂油产品闪点下降，沸程变宽，在一定程度上影响了溶剂油产品的安全性和使用范围。为此，在后续流程上又采用精馏切割技术，在填料精馏塔中采用多侧线切割技术成功地生产出适应市场不同需要的多牌号芳烃溶剂油。

5.5　提取苯乙烯单体

由于裂解 C_9 中苯乙烯的沸点与其他组分相差较小，例如与邻二甲苯沸点仅相差 0.8℃（裂解 C_9 各组分沸点数据见表 5 – 3），因此无法采用常规精馏分离。

表 5 –3　裂解 C_9 各组分的沸点

组分	沸点/℃	组分	沸点/℃
甲苯	110.6	邻二甲苯	144.4
乙苯	136.2	苯乙烯	145.2
对二甲苯	138.4	苯乙炔	143.0 ~ 145.0
间二甲苯	139.0	双环戊二烯	168.0

选择合适的溶剂，采用萃取精馏可以分离邻二甲苯和苯乙烯。中国石化石油化工科学研究院曾经对常用的溶剂环丁砜、二甲基乙酰胺、γ – 丁内酯、N – 甲基吡咯烷酮、N – 二甲基吡咯烷酮、N – 氨基乙基哌嗪等进行了测定，结果表明环丁砜比较适用。但溶剂环丁砜在一定温度下易分解，因此业界有人提出用 N – 甲基吡咯烷酮作萃取溶剂。

苯乙烯的抽提工艺流程主要包括原料预处理、萃取精馏、产品精制、溶剂回收等步骤。详见图 5 –1。

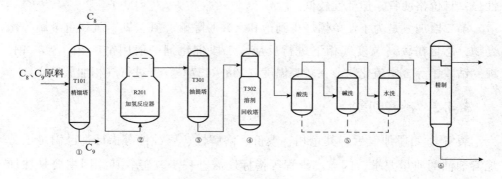

图 5 – 1　苯乙烯分离工艺示意图

图中：
①为精馏塔，C_8、C_9 混合原料进入到 T101，轻组分 C_8 从塔顶出，去到②。
②为加氢反应器，苯乙炔加氢，加氢后去到③。
③溶剂萃取 C_8 组分中的苯乙烯，苯乙烯和溶剂从塔底去到④。
④粗苯乙烯从塔顶分离出来，到⑤。
⑤酸、碱洗脱色后去到⑥。
⑥精制后从侧线采出，得到精苯乙烯。

5.6 抽提纯双环戊二烯

经过预处理得到的裂解 C₉ 馏分中含双环戊二烯（DCPD）30%～40%，获得这部分产品不仅具有经济意义，而且对于改善石油树脂的品质大有好处。

采用制苯 C₉ 馏分得到 DCPD 产品的工艺主要是液相解聚法，包括原料预处理、聚合及精制、再解聚、再聚合、蒸馏等工序。

双环戊二烯（$C_{10}H_{12}$）由二个环戊二烯聚合生成，无色结晶，有类似樟脑气味，相对密度 0.979，沸点 170℃（分解），凝点 31.5℃，溶于醇。有 α 和 β 二种异构体，为桥式（endo - DCPD）和挂式（exo - DCPD）两种；桥式异构体凝点 33℃，挂式异构体凝点 19.5℃。双环戊二烯中主要含桥式异构体，沸点 170℃。因含有双键，故易于进行加成反应和自聚反应。双环戊二烯是由石油裂解乙烯副产 C₅ 组分经分离而得，一般还含有环戊二烯，双环戊二烯可用于高能燃料，通过各种化学反应，可生产金属衍生物、双环戊二烯石油树脂、环氧树脂、不饱和聚酯树脂、聚合物、降冰片烯类化合物、金刚烷、戊二酸、香料、医药以及其他精细化学品，此外正在开发用于高附加价值的精细化学品，如农药、医药、香料、阻燃剂等。表 5 - 4 给出了环戊二烯和双环戊二烯的部分物理性质。

表 5 - 4 环戊二烯和双环戊二烯物性

物质名称	化学式	分子量	沸点	熔点	相对密度
CPD	C_5H_6	66	40℃	-97℃	0.805
DCPD	$C_{10}H_{12}$	132	170	31.5	0.979

5.6.1 原料预处理

采用精馏方法对原料进行分离，将原料切割成苯乙烯类、DCPD 类和茚类 3 个馏分段，DCPD 馏分段进入第二个精馏塔进行 DCPD 的液相解聚。塔釜用高温导热油（260～300℃）循环，DCPD 被气化、解聚成环戊二烯（CPD）后进入精馏段，塔顶馏出高纯度的 CPD，其他重组分由塔下部侧线采出，釜液可循环使用。

5.6.2 聚合及精制

将高纯度的 CPD 在二聚反应器中加热到 110～120℃，使其中的 CPD 二聚为 DCPD，再利用 DCPD 同其他组分的沸点差异蒸馏制得 DCPD。

5.6.3 再解聚 – 再聚合 – 蒸馏

由于蒸馏过程会产生沸点与 DCPD 接近的物质，如 DCPD 与其他双烯等的共聚体，因此一般蒸馏不可能得到高纯度 DCPD，需将此馏分再加热到 170℃ 以上，利用 DCPD 解聚速度比不纯物共聚体快的特性，使 DCPD 优先分解为 CPD，再经精馏使 CPD 同沸点高的不纯物分离，将此制得的 CPD 再次二聚、蒸馏，最终获得高纯度 DCPD。

目前，DCPD 一般由炼焦副产的煤焦油中"苯头"馏分或乙烯裂解副产的 C_5 馏分通过聚合 – 解聚工艺生产。利用工业级的 DCPD（纯度≥80%）制取高纯度的 DCPD 也有不少单位建设了中型生产装置，但是直接以制苯 C_9 为原料制取高纯度 DCPD 尚处于工业化发展初期。

5.6.4 环戊二烯甲基环戊二烯应用

环戊二烯（CPD）是一种无色液体，在 100～130℃ 下时进行二聚可得到稳定的双环戊二烯（DCPD），DCPD 由于不饱和键的影响，使得其化学性质非常活泼，容易和其他有机物反应，生成种类繁多的衍生物，工业应用相当广泛。例如：DCPD 可用于乙丙橡胶、不饱和聚酯、合成石油树脂、合成涂料树脂、黏结剂树脂、造纸填充剂树脂、医药和燃料、合成材料、合成香料、有机化学中间体等生产，双环戊二烯还可解聚为环戊二烯，环戊二烯是合成树脂、农药、医药、香料等的中间体。目前，市场对于 CPD 及 DCPD，尤其是高纯度的环戊二烯不但需求量很大，而且价格昂贵。

近几年来对双环戊二烯的应用又有了新的进展，美国科学家施洛克发现金属卡宾化合物可以作为有效的烯烃复分解催化剂，在这些研究的基础上，人们开发出了用于环烯烃开环易位聚合的金属卡宾催化剂，并由此开发出了已经实现工业化的环烯烃聚合物以及环烯烃反应注射工程塑料。

甲基 CPD 是生产甲基纳迪克酸酐（MNA）的主要原料，MNA 是电子信息材料、树脂、农药、医药、国防工业等领域的重要中间体。它具有熔点低、毒性低、挥发性低等优良的特点，且与环氧树脂的混溶性好、反应活性高，使用该固化剂生产的环氧树脂固化物机械性能优越，与电气的绝缘性能良好。近年来，现代社会生活中，越来越多的电器设备进入了寻常百姓之家，对于材料的绝缘性能提出了更高的要求，因此这种类型的固化剂的应用变得十分普遍，市场前景看好。

5.6.5　国内外市场预测

我国 DCPD 主要用于不饱和聚酯、石油树脂、乙丙橡胶等领域。根据硬度不同，主要分为增强型树脂和普通树脂，普通型和增强型的产量各占一半，增强型树脂主要用于合成玻璃钢，主要生产厂家以南方企业居多。从 1993 年到 2001 年聚酯每年生产量增长率约 20%，2011 年聚酯生产总量已超过 400kt。据各地信息汇总，2008 年不饱和聚酯树脂因内需玻璃钢复合材料市场的不断扩大，总产量达 145 万吨，比上年 135 万吨增长了 10%。2010 年不饱和聚酯总产量将接近 800kt。

由 DCPD 与丙烯与乙烯聚和可得到三元乙丙橡胶，该橡胶化学性能优异，抗老化、氧化能力强，耐腐蚀，遇酸等化学品不反应，对于气候的冷热变化适应能力强，在工业品配件和汽车零部件的生产制造中应用广泛。工业化的乙丙橡胶的第三单体主要有三种：DCPD、乙叉降冰片烯、1，4-已二烯，其中乙叉降冰片烯生产工艺简单，副产物副反应少，产品产率高、硫化效果好、应用广泛。反应过程为 DCPD 与 1，3－丁二烯发生 Diels－Alder 反应得到乙烯基降冰片烯，然后把乙烯基降冰片烯异构化制得乙叉降冰片烯。

近年来国内对于乙丙橡胶的需求越来越大，现代工业中，三元乙丙橡胶用于汽车门窗密封条和软管的生产，随着汽车的普及，需求量也会加大。为满足需求，DSM 公司在国内建设了 40kt/a 的乙丙橡胶装置，在 2004 年开始生产；同时，美国的协和石油集团也在宁波建设了年产 40kt 的乙丙橡胶装置，到 2005 年，我国生产乙丙橡胶的能力已经达到 60kt/a，2010 年达到了 80kt/a，如果产品中三元乙丙橡胶的产量为 80%，那么在 2005 年 DCPD 需求量约 1.8kt，2010 年需求量约 3.0kt。而且，用 DCPD 与 CPD 聚合能够获得机械强度高，类似天然橡胶的通用橡胶。这种产品在发达国家像美国、德国、日本等已经开始进入工业化研制阶段，相信在不远的未来能够工业化生产。目前，在国外 DCPD 主要用于生产高饱和度的透明烃类树脂，而国内 DCPD 却是主要用于生产乙丙橡胶不饱和聚酯和石油树脂。国内外对于 DCPD 的使用存在明显差别，2010 年国内乙丙橡胶不饱和聚酯和石油树脂产量约 20kt，总需求量约 40kt，缺口 20kt，市场潜力巨大。

第6章 苯乙烯生产工艺概述

6.1 苯乙烯的性质和用途

苯乙烯是用苯取代乙烯的一个氢原子形成的有机化合物，乙烯基的电子与苯环共轭，是芳烃的一种。分子式 C_8H_8，结构简式 $C_6H_5CH=CH_2$。存在于苏合香脂（一种天然香料）中。无色、有特殊香气的油状液体。是一种重要的基本有机化工原料，主要用于生产聚苯乙烯树脂（PS）、丙烯腈-丁二烯-苯乙烯（ABS）树脂、苯乙烯-丙烯腈共聚物（SAN）树脂、丁苯橡胶和丁苯胶乳（SBR/SBR 胶乳）、离子交换树脂、不饱和聚酯以及苯乙烯系热塑性弹性体（如SBS）等。此外，还可用于制药、染料、农药以及选矿等行业，用途十分广泛。

6.1.1 物理性质

外观与性状：无色透明油状液体

熔点（℃）：-30.6

沸点（℃）：146

相对密度（水=1）：0.91

相对蒸气密度（空气=1）：3.6

饱和蒸气压（kPa）：1.33（30.8℃）

燃烧热（kJ/mol）：4376.9

临界温度（℃）：369

临界压力（MPa）：3.81

辛醇/水分配系数的对数值：3.2

闪点（℃）：34.4

引燃温度（℃）：490

爆炸上限% （v/v）：6.1

爆炸下限%（v/v）：1.1

6.1.2　化学性质

遇明火极易燃烧。光或存在过氧化物催化剂时，极易聚合放热导致爆炸。与氯磺酸、发烟硫酸、浓硫酸反应剧烈，有爆炸危险。有毒，对人体皮肤、眼和呼吸系统有刺激性。空气中最高容许浓度为 100mg/L。苯乙烯在高温下容易裂解和燃烧，生成苯、甲苯、甲烷、乙烷、碳、一氧化碳、二氧化碳和氢气等。苯乙烯蒸气与空气能形成爆炸混合物，其爆炸范围为 1.1% ~ 6.01%。

苯乙烯具有乙烯基烯烃的性质，反应性能极强，如氧化、还原、氯化等反应均可进行，并能与卤化氢发生加成反应。苯乙烯暴露于空气中，易被氧化成醛、酮类。苯乙烯易自聚生成聚苯乙烯（PS）树脂，也易与其他含双键的不饱和化合物共聚。

6.1.3　操作注意事项

密闭操作，加强通风。操作人员必须经过专门培训，严格遵守操作规程。建议操作人员佩戴过滤式防毒面具（半面罩），戴化学安全防护眼镜，穿防毒物渗透工作服，戴橡胶耐油手套。远离火种、热源，工作场所严禁吸烟。使用防爆型的通风系统和设备。防止蒸气泄漏到工作场所空气中。避免与氧化剂、酸类接触。灌装时应控制流速，且有接地装置，防止静电积聚。搬运时要轻装轻卸，防止包装及容器损坏。配备相应品种和数量的消防器材及泄漏应急处理设备。倒空的容器可能残留有害物。

6.1.4　储存注意事项

通常商品加有阻聚剂。储存于阴凉、通风的库房。远离火种、热源。库温不宜超过 30℃。包装要求密封，不可与空气接触。应与氧化剂、酸类分开存放，切忌混储。不宜大量储存或久存。采用防爆型照明、通风设施。禁止使用易产生火花的机械设备和工具。储区应备有泄漏应急处理设备和合适的收容材料。

6.1.5　不利影响

交联剂对不饱和聚酯树脂固化后产品的性能有着重要的影响。在实际中应用得最多的交联剂就是苯乙烯，与聚酯的共聚反应活性高，且用苯乙烯作稀释剂的树脂固化速度快、黏度较低，便于施工。固化后的产物电性能也比较好，但耐热性较差，实践证明，苯乙烯对固化后的产品性能起着举足轻重的作用，探讨苯乙烯对固化产物性能的影响是十分必要的。

6.2　苯乙烯利用

6.2.1　苯乙烯与聚酯的混溶

苯乙烯一方面在聚酯中作为交联剂使用，另一方面也起到稀释的作用。适当的稀释过程有助于得到高质量的产品，一般稀释温度不超过95℃。反之就会影响产品的一系列性能，甚至凝胶不能使用。苯乙烯中含的聚合物应尽可能少，苯乙烯中含有聚合物也会影响苯乙烯与聚酯的混溶性。如苯乙烯中含有聚合物较多，要将其蒸馏后再使用，并加入阻聚剂，使苯乙烯中阻聚剂的含量在 $(5\sim15)\times10^{16}$ 之间，苯乙烯中常用的阻聚剂是对苯二酚和对叔丁基邻苯二酚。

6.2.2　苯乙烯的活性

从苯乙烯的结构中可以看出，与其他不饱和单体比较，苯乙烯活性较大。研究化学性通常用最高放热温度来度量，通过放热曲线的研究可以定性判断反应后产物性能的好坏。从放热曲线可以看出（图略），苯乙烯与聚酯反应的放热温度最高，故其反应活性也较大，生产出的不饱和聚酯性能也很好。另外，放热峰温度也与苯乙烯在树脂中的含量有关。放热峰温度随着苯乙烯含量的增加而增加。同时也随着不饱和度的增加而增大。

6.3　苯乙烯含量对性能的影响

6.3.1　对固化产物机械性能的影响

固化物的性能不仅决定于树脂分子链结构，而且也与参加交联反应的单体结构及数量有关。对于浇铸树脂，弯曲强度随着苯乙烯量的增加而减少，而对于玻璃纤维增强的层压制品，弯曲强度随着苯乙烯含量的增加而增加。抗张强度随着苯乙烯含量的增加而增大，直到最大值，然后开始下降，也就是说，加入适量的苯乙烯可使其抗张强度达到最大值。一般模压塑料用的树脂，苯乙烯含量在30%～40%为最佳。在苯乙烯用量允许的范围内，适当地增加苯乙烯的量对机械性能是有利的。这是因为固化物既可交联完全，又有利于提高机械性能，降低收缩率，减小树脂的黏度，便于使用。

6.3.2 对电性能的影响

苯乙烯含量对固化产物电性能的影响是很显著的。苯乙烯含量过高或过低对电性能都是不利的。苯乙烯含量在30%～50%往往可获得较高的综合电性能。

6.3.3 对吸水性的影响

不饱和聚酯树脂的吸水性主要取决于聚酯分子链的结构、树脂的酸值、羟值等，但与苯乙烯含量也有一定的关系。总的来说，固化产物的吸水性通常是随着苯乙烯含量的增加而减少的。

6.3.4 对固化产物耐化学性的影响

影响固化产物耐化学性的一个因素是分子链结构，如间苯二甲酸型聚酯就比较耐化学腐蚀。而影响固化产物耐化学性的另一个因素就是稀释剂的类型和含量。用苯乙烯作为交联剂的聚酯，随着苯乙烯含量的增加，提高了交联密度使其能更有效地阻止化学溶剂的"进攻"。

6.4 苯乙烯的沿革

液态碳氢化合物的芳香族有机化合物，因易发生聚合反应而备受瞩目，苯乙烯则是用来制造塑料、树脂、橡胶等由单分子体构成的大分子物质的，同时也可用于制造聚酯和乳胶漆。

纯净的苯乙烯透明、无色、易燃、略带毒性，沸点为145℃，冰点为－30.6℃。早在1850年人们就已知道苯乙烯不与天然树脂发生反应但要发生聚合作用。但直到19世纪30年代，它才被应用于工业生产，苯乙烯是通过对乙苯进行除氢作用而生成的（乙苯是汽油中提取的乙烯和苯的化合物）。德国法本公司和美国陶氏化学公司于1937年采用乙苯脱氢法进行了苯乙烯工业化生产。第二次世界大战期间，由于生产合成橡胶的需要，产量迅速扩大。战后，由于苯乙烯系塑料的发展，苯乙烯产量直线上升，并出现了一些其他的生产方法。1966年，美国哈康公司开发了乙苯共氧化法；70年代初，日本等国采用萃取精馏从裂解汽油中分离苯乙烯，制得的苯乙烯量取决于乙烯生产的规模。1981年，世界苯乙烯装置的总能力达 17.13Mt，其中 90% 以上采用乙苯催化脱氢法制造。

在不受辐射的催化剂的作用下，苯乙烯迅速生成一种广泛用于模压制品的塑料，聚苯乙烯，它还可以与丁二烯发生化学反应形成一种异分子聚合物，即合成橡胶，还有一些单分子体（如氯乙烯）可与苯乙烯发生共聚反应，生成比聚苯乙烯质量更好的塑料或树脂。

6.5　苯乙烯的生产状况及下游产品

6.5.1　苯乙烯生产

生产苯乙烯的原料是乙苯。目前，世界上 90% 以上的乙苯是由苯和乙烯烷基化生产制得，一分子乙烯在适当条件下与一分子苯作用生成一分子乙苯。而乙苯脱氢生产苯乙烯是乙苯在催化剂作用下，达到 550～600℃ 时脱氢生成苯乙烯。

工业上采用的方法是在进料中掺入大量高温水蒸气，以降低烃分压，并提供反应所需的部分热量，水蒸气与烃的摩尔比（简称水烃比）视反应器类型的不同而异，范围约在 6～14。

6.5.2　我国苯乙烯的生产状况

自中国石油兰州石油化工公司合成橡胶厂采用传统的三氯化铝液相烷基化工艺，建成一套 5000t/a 苯乙烯生产装置以来，我国苯乙烯的生产得到了飞速发展，2003 年我国苯乙烯的总生产能力达到 105 万吨/年。近两年来，由于跨国石油公司投资东移以及国内市场需求的强力推动，使我国苯乙烯的发展进入了一个新阶段。2005 年上海赛科石化公司 50.0 万吨/年苯乙烯装置的开车成功，标志着我国苯乙烯生产装置进入世界级规模。2005 年我国苯乙烯的总生产能力达到 193.5 万吨，约占世界苯乙烯总生产能力的 7.05%，占亚洲地区总生产能力的 18.27%。2006 年，我国又有多套苯乙烯装置建成投产，其中包括中国海油与壳牌化学公司合资在广东惠州建设的一套 55.0 万吨/年苯乙烯装置，江苏利士德化工（江苏双良集团）在江阴建成的一套 20.0 万吨/年生产装置，中国石油锦州石油化工公司建成的一套 8.0 万吨/年生产装置，海南实华嘉盛化工有限公司与江苏嘉盛化学品工业有限公司共同出资建设的一套 8.0 万吨/年生产装置。2006 年我国苯乙烯的生产能力已经达到 285.5 万吨，比 2005 年增长约 47.54%。其中中国海油/壳牌合资公司是目前我国最大的苯乙烯生产厂家，生产能力达到 56.0 万吨/年，约占国内苯乙烯总生产能力的 19.61%；其次是上海赛科石油化工股份有限公司，生产能力为 50.0 万吨/年，约占国内总生产能力的 17.51%；再次是中国石化齐鲁石油化工公司和江苏利士德化工公司，生产能力分别为 20.0 万吨/年，约占国内总生产能力的 7.00%。其他主要的生产厂家还有中铁联合物流–常州东昊化工（生产能力为 15.0 万吨/年）、中国石油吉林石油化工公司（生产能力为 14.0 万吨/年）、扬子巴斯夫苯乙烯系列有限公司（生产能力为 12.0 万吨/年）、中国石化茂名石油化工公司（生产能力为 12.0 万吨/年）等。

有海外媒体预计，中国苯乙烯需求总量估计将达到 438 万吨，年产量约为 200 万吨；到 2012 年需求量将上升至约 560 万吨，而产量难以超过 450 万吨。这意味着中国苯乙烯供应不足的局面短期难改。为此，一些业内专家已呼吁通过扩能和革新现有装置并建造新的大产能装置来增加苯乙烯产量。

中国苯乙烯年进口量快速增长，从 1995 年的 30.58 万吨、2000 年的 115.75 万吨增至 2004 年的 288.9 万吨。2004 年进口苯乙烯占中国国内总消费量的 74.7%。而 2003 年和 2004 年，中国苯乙烯年出口量不足 1 万吨。中国苯乙烯表观消费量已从 1995 年的 54.84 万吨、2000 年的 191.4 万吨上升至 2004 年的 386.8 万吨。

据美国 Witt 公司近期发出预警，全球苯乙烯产能的增长已远远超过预期的需求增长，因此纵观全球未来几年苯乙烯产品市场将呈现供过于求的格局，但亚洲特别是中国需求的增长近期仍会继续，如 2006 年开工新增苯乙烯产能约为 190 万吨/年，其中包括中国海油/壳牌石化公司在大亚湾的 56.5 万吨/年 SM 装置已投产。此外巴西 Innova 公司亦将对其苯乙烯装置进行扩能改造，至 2008 年苯乙烯产能将翻番而达到 50 万吨/年，另由壳牌公司与萨比克公司持股的合资企业沙特石化公司（Sadaf）亦正投资扩增苯乙烯能力，该公司 2007 年上半年在朱拜勒又建成一套 60 万吨/年苯乙烯装置。据市场分析人士认为，供过于求的状况预计在 2008 年达到顶峰，此后又将开始缓解，估计苯乙烯生产的低效益将持续到 2010 年后。我国苯乙烯产能不断增加，至 2006 年已达 426 万吨/年，当前国内苯乙烯的消费主要仍以 PS、HIPS（高抗冲聚苯乙烯）、EPS 等为主，当然 ABS 等亦在不断增长。如以美国的 PS 为例，它主要用作包装材料，约占总消费量的 35%，其次是用于电子、电器工业约占 10%，玩具业约占 10%，建筑业约占 9%，其他方面包括日用塑料制品等约占 36%。前几年美、日等国人均年消费 PS 在 10~12kg 以上，而我国 2004 年的 PS 人均年消耗仅为 1.65kg 左右。故国内 PS 潜在市场将是巨大和有发展远景的。据美国某咨询机构预测，从长远发展看，全球 SM、PS 市场仍将有一定增长，当然未来 5 年新增产能 80% 将来自中国，特别是我国人口众多，因此近 5～10 年国内 SM 的潜在市场仍将会看好，当然利润不会多，所以苯乙烯的增长可能在短期内将有所减缓。

6.5.3　我国苯乙烯下游产品使用状况

（1）聚苯乙烯

聚苯乙烯是苯乙烯最重要的衍生物，产品包括通用型聚苯乙烯（GPPS）、耐冲击性聚苯乙烯（HIPS）以及可发泡聚苯乙烯（EPS）等，目前生产厂家主要有江苏镇江奇美化工公司、江苏扬子巴斯夫苯乙烯公司、广东汕头海洋第一聚苯树脂公司、江苏雪佛龙菲利普斯化工公司、湛江新中美化工公司、抚顺石油化工公司、北京燕山石油化工公司、广州石油化工公司、广东中海石油三水化工公司、辽宁盘锦乙烯工业公司、齐鲁石油化工公司、大庆石油化工公司、吉林化学工业公司、兰州化学工业公司以及广东高聚化工公司等。

（2）ABS 和 SAN 树脂

在我国，ABS 和 SAN 树脂是仅次于聚苯乙烯的第二大苯乙烯衍生物。目前，我国 ABS 树脂的主要生产厂家有甘肃兰化公司合成橡胶厂、吉林化学工业公司合成树脂厂、大庆石油化工总厂、江苏镇江国亨有限公司、江苏镇江奇美公司、上海高桥石化公司化工厂、浙江宁波甬兴 LG 化学有限公司、辽宁盘锦乙烯工业公司以及江苏常州塑料集团公司。

（3）丁苯橡胶/丁苯胶乳

苯乙烯是生产丁苯橡胶/丁苯胶乳的主要原料之一，目前，我国丁苯橡胶的总生产能力为 42.0 万吨/年，生产厂家主要有北京燕山石化公司合成橡胶厂、齐鲁石油化工公司、吉林化学工业公司有机合成厂、兰州化学工业公司合成橡胶厂以及江苏南通申华公司等，丁苯胶乳生产装置有 5 套，总生产能力约为 14.0 万吨/年，主要的生产厂家有上海高桥石油化工公司、齐鲁石油化工公司、兰州化学工业公司、齐鲁石油化工公司以及山东淄博合力胶乳公司等。

（4）不饱和聚酯树脂

不饱和聚酯树脂也是苯乙烯的一大消费领域，主要用于生产玻璃钢制品、涂料和建筑材料等，目前生产厂家主要有广东番禺福田化工有限公司、江苏江阴第二合成化工厂、浙江温州中侨树脂化工实业公司、江苏武进亚邦集团公司、江苏常州华日新材料有限公司、江苏武进金隆化工厂、江苏南京复合材料总厂、江苏金陵 DSM 树脂有限公司、山东宏信化工有限公司、浙江永嘉桥头第一树脂纽扣厂、江苏武进南方合成材料厂以及广东中山有机合成化工合成厂等。

（5）苯乙烯系热塑性弹性体

苯乙烯系热塑性弹性体主要包括苯乙烯－丁二烯－苯乙烯前段共聚物（SBS）、苯乙烯－异戊二烯－苯乙烯嵌段共聚物（SIS）以及其相应的加氢产物SEBS和SEPS等，我国产品主要为SBS产品。目前，我国SBS产品的生产厂家有北京燕山石油化工公司合成橡胶厂、湖南岳阳石油化工公司合成橡胶厂、广东茂名石油化工公司乙烯工业公司三家。

6.5.4　乙苯的主要用途

乙苯是重要的中间体，主要用来生产苯乙烯，其次用作溶剂、稀释剂以及用于生产二乙苯、苯乙酮、乙基蒽醌等，同时它又是制药工业的主要原料。

6.6　市场分析及预测

6.6.1　国际市场分析

2010年底统计，世界苯乙烯产能8292万吨，其中，美国、日本、荷兰、德国四国的苯乙烯生产能力之和占世界总产能的75%。20世纪90年代，全球苯乙烯年均增长率为4.9%。2008年需求2098.5万吨，但在2008年世界经济减速的背景下，2009年苯乙烯世界需求下降2.6%，达到2035万吨。但亚洲最大市场中国的需求仍增长约20%。预计2012年世界需求将有所恢复，可望比2008年需求增长4.2%。2008年以后，荷兰、日本预定有大型装置投产，预计需求增长幅度将超过产能增长。2008年装置开工率将达到1999年以来最高的90%以上。2007年世界苯乙烯新增产能120万吨/年，2008年将新增产能166万吨/年，2009年后将新增产能合计387万吨/年。

6.6.2　国内市场分析

华东地区苯乙烯市场气氛一般，卖盘主流价格在5800元/吨，少数在5850～5900元/吨，一手贸易商仍表现安静，部分市场二手商补仓意向仍暂时不大，市场实际商谈有限。华南地区苯乙烯开盘市场平稳，主流卖盘价格在6200元/吨，下游开工一般，终端需求恢复缓慢，中小厂家接单意向低迷。

厂家动态：

①抚顺石化苯乙烯装置开工生产正常，报价持稳于 5800 元/吨，暂无调整意向，近期货源内供为主，外销仍有限。

②齐鲁石化苯乙烯出厂价格暂稳执行 6000 元/吨，厂家装置开工正常，近期库存多维持在正常水平，近期厂家控量销售，货源供应稍显一般。

③茂名石化苯乙烯外销目前 6000 元/吨，装置运行平稳，外销略显一般，库存正常，在 1180 吨左右水平。

6.7　苯乙烯常见生产方法

6.7.1　环球化学/鲁姆斯法

以乙苯为原料，采用脱氢反应器，由开始的单级轴向反应器，中间经历开发了双级轴向反应器到双径向反应器再到双级径向反应器的各种组合优化的多种反应器；反应器的操作压力由开始的正压发展到今天的负压；汽油比由开始的 2.5：1 发展到今天 1.3：1；蒸汽消耗由开始的 10kg/kgSM 发展到今天的 4kg/kgSM。UOP/Lummus 的 Classic SM 流程中乙苯脱氢工艺装置主要有蒸汽过热炉、绝热型反应器、热回收器、气体压缩机和乙苯/苯乙烯分离塔。过热炉将蒸汽过热至 800℃而作为热引入反应器。乙苯脱氢的工艺操作条件为 550～650℃，常压或减压，蒸汽/乙苯质量比为 1.0～2.5（图 6-1）。

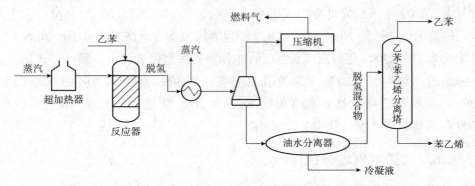

图 6-1　UOP/Lummus 的 Classic SM 工艺流程

UOP/Lummus 的 "SMART" SM 工艺是在 Classic SM 工艺基础上发展的一项新工艺，即在工艺 Classic SM 工艺的脱氢反应中引入了部分氧化技术。可提高乙苯单程转化率达 80% 以上。

"SMART"技术的优点在于，通过提高乙苯转化率，减少了未转化乙苯的循环返回量，使装置生产能力提高，减少了分离部分的能耗和单耗；以氢氧化的热量取代中间换热，节约了能量；甲苯的生成需要氢，移除氢后减少了副反应的发生；采用氧化中间加热，由反应物流或热泵回收潜热，提高了能量效率，降低了动力费用，因而经济性明显优于传统工艺。该技术可用于原生产装置改造，改造容易且费用较低。目前采用"SMART"SM工艺装置有3套在运行（图6-2，表6-1）。

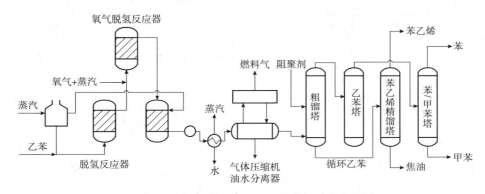

图6-2　Lummus的SMART乙苯脱氢工艺流程图

表6-1　SMART与Classic比较

反应条件和结果	Classic	SMART工艺
苯乙烯选择性/%	95.6	95.6
乙苯转化率/%	69.8	85
水比	1.7	1.3
蒸汽/苯乙烯/(t/t)	2.3	1.3
燃烧油/苯乙烯/(kg/t)	114.0	69.0

6.7.2　Fina/Badger 法

Badger工艺采用绝热脱氢，蒸汽提供脱氢需要的热量并降低进料中乙苯的分压和抑制结焦。蒸汽过热至800~900℃，与预热的乙苯混合再通过催化剂，反应温度为650℃，压力为负压，蒸汽/乙苯比为1.5%~2.2%（图6-3）。

6.7.3　巴斯夫法

巴斯夫法工艺特点是用烟道气加热的方法提供反应热，这是与绝热反应最大的不同。其流程如图 6 - 4 所示。

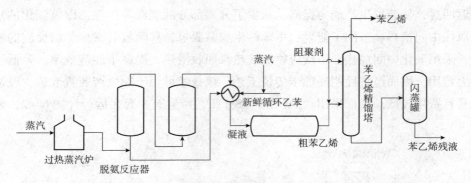

图 6 - 3 Fina/Badger 法乙苯脱氢工艺生产流程示意图

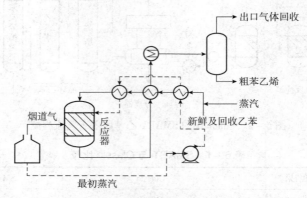

图 6 - 4 巴斯夫法工艺流程示意图

6.7.4 裂解汽油萃取分离法

日本东丽公司开发了 Stex 法裂解汽油萃取分离苯乙烯技术，同时还开发了专用萃取剂，可分离出纯度大于99.7%的苯乙烯，同时可生产对二甲苯，并降低裂解汽油加氢负荷，生产成本仅为乙苯脱氢法的一半。

6.7.5 环氧丙烷－苯乙烯联产法

环氧丙烷－苯乙烯（简称 PO/SM）联产法又称共氧化法，由 Halcon 公司开发成功，并于 1973 年在西班牙首次实现工业化生产。在 130 ～ 160℃、0.3 ～ 0.5MPa 下，乙苯先在液相反应器中用氧气氧化生成乙苯过氧化物，生成的乙苯过氧化物经提浓到 17% 后进入环氧化工序，在反应温度为 110℃、压力为 4.05MPa 条件下，与丙烯发生环氧化反应成环氧丙烷和甲基苄醇。环氧化反应液经过蒸馏得到环氧丙烷,甲基苄醇在 260℃、常压条件下脱水生成苯乙烯。反应产物中苯乙烯与环氧丙烷的质量之比为 2.5∶1。除乙苯脱氢法外,这是目前唯一大规模生产苯乙烯的工业方法,生产能力约占世界苯乙烯总生产能力的 10%。目前世界上拥有该法专利转让权的生产商主要有莱昂得尔公司、Shell 公司、Repsol 公司以及苏联的下姆斯克公司等。PO/SM 联产法的特点是不需要高温反应,可以同时联产苯乙烯和环氧丙烷两种重要的有机化工产品。将乙苯脱氢的吸热和丙烯氧化的放热两个反应结合起来,节省了能量,解决了环氧丙烷生产中的"三废"处理问题。另外,由于联产装置的投资费用要比单独的环氧丙烷和苯乙烯装置降低 25%,操作费用降低 50% 以上,因此采用该法建设大型生产装置时更具竞争优势。该法的不足之处在于受联产产品市场状况影响较大,且反应复杂,副产物多,投资大,乙苯单耗和装置能耗等都要高于乙苯脱氢法工艺。但从联产环氧丙烷的共氧化角度而言,因可避免氯醇法给环境带来的污染,因此仍具有很好的发展潜力。

6.7.6 技术经济比较

在装置规模和开工率相同的情况下,乙苯脱氢法生产苯乙烯工艺与乙苯共氧化法甲基苯甲醇气相脱水生产苯乙烯工艺的技术经济比较如表 6-2 所示。

表 6-2 苯乙烯脱氢法及脱水法经济对比

项目	苯乙烯 22.7 万吨/年		苯乙烯 45.4 万吨/年	
	乙苯脱氢	苯乙醇脱水	乙苯脱氢	苯乙醇脱水
原材料和副产品费用	955.11	780.44	955.11	760.44
其中:原材料费	1014.58	1165.24	1014.58	1165.24
副产品收益	-59.47	-404.80	-59.47	-404.80
公用工程费	105.46	131.63	105.46	131.63
生产辅助费	0.40	1.19	不计	0.40
维修材料费	6.34	13.48	5.15	11.89
工人工资	9.52	23.79	7.14	18.63
车间管理费	7.93	19.43	5.55	14.67
税金和保险费	7.14	14.67	5.95	13.69
折旧费	36.08	73.35	29.74	64.23
车间成本	1127.98	1037.98	1114.10	1014.85
装置固定资产投资	0.82 亿	1.66 亿	1.35 亿	2.91

苯乙醇脱水工艺生产的苯乙烯，其车间成本较之乙苯脱氢法便宜，规模为苯乙烯22.7万吨/年时，每吨苯乙烯便宜90元。尽管苯乙醇脱水法的投资为乙苯脱氢法的2.02倍，但多出的投资4.1年即可收回。特别应该指出的是，苯乙醇脱水法生产的苯乙烯是乙苯、丙烯共氧化法生产环氧丙烷的联产品，在苯乙烯的产量为22.7万吨/年时，相应的环氧丙烷的生产规模约为9万吨/年，在该规模时，共氧化法环氧丙烷的车间成本只为常用的氯醇法环氧丙烷车间成本的45.30%，这样就使共氧化法生产环氧丙烷和苯乙烯的工艺路线较之氯醇法生产环氧丙烷和乙苯脱氢法生产苯乙烯的工艺路线具有明显的优势。共氧化法特别适用于大规模生产，通常认为，具有优势的苯乙烯的经济规模约为12万吨/年以上，至少也应该在7.5万吨/年以上。共氧化法的发明，使苯乙烯产量大增。据说，在Halcon公司发明了共氧化工艺以后，美国就不再以氯醇法工艺筹建环氧丙烷新厂。

6.8　乙苯脱氢制苯乙烯

苯乙烯是不饱和芳烃，无色液体，沸点145℃，难溶于水，能溶于甲醇、乙醇、四氯化碳及乙醚等溶剂中。

苯乙烯是高分子合成材料的一种重要单体，自身均聚可制得聚苯乙烯树脂，其用途十分广泛，与其他单体共聚可得到多种有价值的共聚物，如与丙烯腈共聚制得色泽光亮的SAN树脂，与丙烯腈、丁二烯共聚得ABS树脂，与丁二烯共聚可得丁苯橡胶及SBS塑性橡胶等。此外，苯乙烯还广泛用于制药、涂料、纺织等工业。

苯乙烯聚合物于1827年发现，1867年Berthelot发现乙苯通过赤热瓷管时能生成苯乙烯。1930年，美国道化学公司首创了乙苯热脱氢法生产苯乙烯过程，1945年实现了苯乙烯工业化生产。50年来，苯乙烯生产技术不断进步，已趋于完善。

6.8.1　制取苯乙烯的方法简介

乙苯脱氢法是目前生产苯乙烯的主要方法。乙苯的来源在工业上主要采用烷基化法，苯和乙烯在催化剂作用下生成，其次从炼油厂的重整油、烷烃裂解过程中的裂解汽油及炼焦厂的煤焦油中通过精馏分离出来。

此法分两部进行，第一步是苯和乙烯反应，生成乙苯；第二步是乙苯脱氢生成苯乙烯，其反应式为：

$$\text{（苯）} + C_2H_4 \longrightarrow \text{（苯）}-C_2H_5$$
$$\text{（苯）}-C_2H_5 \rightleftharpoons \text{（苯）}-CH=CH_2 + H_2$$

乙苯催化脱氢的主反应如下：

$$\text{（苯）}-C_2H_5 \rightleftharpoons \text{（苯）}-CH=CH_2 + H_2$$

6.8.2　乙苯脱氢催化剂

乙苯在高温下进行脱氢时，主要产物是苯，而要使主反应进行顺利，必须采用高活性、高选择性的催化剂。

除了活性和选择性外，脱氢反应是在高温、有氢和大量水蒸气存在下进行的，也要求催化剂具有良好的热稳定性和化学稳定性，此外催化剂还能抗结焦和易于再生。

脱氢催化剂的活性组分是氧化铁，助催化剂有钾、钒、钼、钨、铈等氧化物。如 $Fe_2O_3 : K_2O : Cr_2O_3 = 87 : 10 : 3$ 组成的催化剂，乙苯的转化率可达60%，选择性为87%。

在有氢和水蒸气存在下，氧化铁体系可能有四价铁、三价铁、二价铁和金属铁之间平衡。据研究，Fe_3O_4 可能起催化作用。在氢作用下，高价铁会还原成低价铁，甚至是金属铁。低价铁会促使烃类的完全分解反应，而水蒸气的存在可阻止低价铁的出现。

助催化剂 K_2O，能改变催化剂表面酸度，减少裂解反应的发生，并能提高催化剂的抗结焦性能和消炭作用，以及促进催化剂的再生能力，延长再生周期。

助催化剂 Cr_2O_3，是高熔点金属氧化物，可以提高催化剂的耐热性，稳定铁的价态。但氧化铬对人体及环境有毒害作用，应采用无铬催化剂，如 $Fe_2O_3 - Mo_2O_3 - CeO - K_2O$ 催化剂，以及国产 XH－02 和 335 型无铬催化剂等。

6.8.3　乙苯脱氢反应条件选择

（1）温度

乙苯脱氢反应是可逆吸热反应，温度升高有利于平衡转化率的提高，也有利反应速率的提高。而温度升高同时有利乙苯的裂解和加氢裂解，结果是随着温度的升高，乙苯的转化率增加，而苯乙烯的选择性下降。而温度降低时，副反应虽然减少，有利于苯乙烯选择性的提高，但因反应速率下降，产率也不高。如采用氧化铁催化剂，500℃下进行乙苯脱氢反应，几乎没有裂解产物，选择性接近100%，而乙苯的转化率只有30%。故乙苯收率随温度变化存在一个最高点，其对应的温度为最适宜温度。表6-3是乙苯脱氢反应温度对转化率和选择性的影响情况。

表6-3　乙苯脱氢反应温度的影响

催化剂	温度/℃	转化率	选择性/%	催化剂	温度/℃	转化率/%	选择性/%
XH-02	258	53.0	94.3	G4-1	580	47.0	98.0
	600	62.0	93.5		600	63.5	95.6
	620	72.5	92.0		620	76.1	95.0
	640	87.0	89.4		640	85.15	93.0

（2）压力

对反应速度而言，增加压力则反应速率会加快，但对脱氢的平衡不利。工业上采用水蒸气来稀释原料气，以降低乙苯的分压，提高乙苯的平衡转化率。如果水蒸气对催化剂性能有影响，只有采取降压操作的方法。

（3）空速

乙苯脱氢反应是个复杂反应，空速低，接触时间增加，副反应加剧，选择性下降，故需采用较高的空速，以提高选择性，虽然转化率不是很高，未反应的原料气可以循环使用，但必然造成耗能增加。因此需要综合考虑，选择最佳空速。表6-4是乙苯脱氢反应空速对转化率和选择性的影响情况。

表6-4　乙苯脱氢反应空速对转化率和选择性的影响

反应温度/℃	乙苯液态空速/h^{-1}			
	1.0		0.6	
	转化率/%	选择性/%	转化率/%	选择性/%
580	53.0	94.3	59.8	93.6
600	62.0	93.5	72.1	92.4
620	72.5	92.0	81.4	89.3
640	87.5	89.4	87.1	84.8

注：乙苯和水蒸气之比为1:1.3。

（4）催化剂颗粒度的影响

催化剂颗粒的大小影响乙苯脱氢反应的反应速率，脱氢反应的选择性随粒度的增加而降低。可解释为主反应受内扩散影响大，而副反应受内扩散影响小。所以，工业上常用较小颗粒度的催化剂，以减少催化剂的内扩散阻力。同时还可以将催化剂进行高温焙烧改性，以减少催化剂的微孔结构。

（5）水蒸气的用量

用水蒸气作为脱氢反应的稀释剂具有下列优点：①降低了乙苯的分压，利于提高乙苯脱氢的平衡转化率；②可以抑制催化剂表面的结焦，同时有消炭作用；③提供反应所需的热量，且易于产物的分离。增加水蒸气用量对上述三点有利，但水蒸气用量不是越多越好，超过一定比值以后平衡转化率的提高就不明显了。

第7章 聚乙烯工艺

1933年，英国ICI公司在高压中温下制得白色蜡状的固体聚乙烯，1939年实现了高压工业化生产，随后，德国科学家齐格勒发明了用金属烷烃化合物，如三乙基铝作催化剂，在低压下生产聚乙烯。后来美国菲利普石油公司用复合金属氧化物，如氧化铬和二氧化硅，在中压下生产聚乙烯。目前聚乙烯有四种生产工艺：低压气相法、溶液法、浆液法和高压法，聚乙烯按产品密度分类有低密度聚乙烯、全密度聚乙烯（含线型低密度）和高密度聚乙烯三种。高压聚乙烯就是用高压法生产的低密度聚乙烯。

高压聚乙烯产品是目前世界上产量最大、用途较广泛的通用塑料之一。其薄膜制品、电器绝缘材料、注塑、吹塑制品、涂层等在工业生产和日常生活中得到普遍应用。高压聚乙烯是以乙烯为单体在 $200 \sim 300MPa$ 的高压高温条件下，用氧气（空气）或有机过氧化物作引发剂经聚合而得到。因为所得的产品密度一般为 $0.910 \sim 0.935g/cm^3$，故又称为低密度聚乙烯，即 LDPE。

高压聚乙烯在聚乙烯生产中占优先地位，其主要原因是：

①产品有优良的物理机械性能、电气绝缘性、耐化学腐蚀性、耐低温性能和易加工性能，因此用途广泛。

②生产工艺过程简单，不需要采用复杂的催化剂系统，即可以得到高纯度的聚乙烯产品，没有催化剂和溶剂回收等过程。

③在高压条件下操作，反应设备小，能力大，催化剂用量小，技术经济指标较好。

高压聚乙烯的生产方法，按反应器形式分为管式反应器和釜式反应器，一般来说管式法生产的聚乙烯因反应内压力梯度大和温度分布宽，反应时间短，所得聚合物的支链少，分子量分布宽，适于制造薄膜产品，单程转化率较高，但存在器内粘壁问题。釜式法反应器压力较管式法低，单程转化率较低，反应时间长，停留时间长，聚乙烯的长链分子较多，分子量分布窄，富于韧性，适宜生产注塑、挤塑产品。

高压聚乙烯管式法生产装置，基本流程相同，用空气加过氧化物或单用有机过氧化物作为引发剂进行聚合，用丙烷、丙烯或丙醛、丁烯等作为调整剂，一般分为增压机/一次压缩机，二次压缩机，聚合，高压分离，低压分离，高低压气体循环，挤压造粒，产品输送、脱气包装等。辅助流程有引发剂、调整剂注入系统，添加剂注入系统，热水系统等，控制采用 DCS 系统，安全保护系统有紧急停车系统，可燃气体报警，自动火灾报警、自动喷水消防系统，氮气系统，火炬系统等。

7.1 自由基聚合反应的机理

自由基聚合的实施方法主要有本体聚合、溶液聚合、悬浮聚合、乳液聚合，本体聚合是单体本身加入少量引发剂（甚至不加）的聚合。LDPE 反应是自由基本体聚合反应，遵循自由基本体聚合反应动力学，同样由链引发、链增长、链终止等基元反应组成，此外还伴随有链转移反应，针对 LDPE 装置，具体基元反应如下。

（1）链引发

链引发反应是形成单体自由基活性种的反应。用引发剂引发时，由下列两步组成：

①引发剂 I 分解，形成初级自由基 R·

$$I \rightarrow 2R \cdot$$

②初级自由基与单体加成，形成单体自由基。

$$R \cdot + CH_2 =\!\!= CH \rightarrow RCH_2CH \cdot$$

单体自由基形成以后，继续与其他单体加聚，而使链增长。

（2）链增长

在链引发阶段形成的单体自由基仍具有活性，能打开第二个烯类分子的 π 键，形成新的自由基。新自由基活性并不衰减，继续和其他单体分子结合成单元更多的链自由基。这个过程称作链增长反应，实际上是加成反应。

$$R' - CH_2 - CH_2' + nCH_2 =\!\!= CH_2 \rightarrow R - CH_2 - CH_2'$$

链增长反应有两个特征：一是放热反应，烯类单体聚合热约 $55 \sim 95 kJ/mol$，二是增长活化能低，约 $20 \sim 34 kJ/mol$，增长速率级高，在 0.01 到几秒钟内，就可以使聚合度达到数千，甚至上万。

（3）链终止

自由基活性高，有相互作用而终止的倾向。终止反应有偶合终止和歧化终止两种方式。两链自由基的独电子相互结成共价键的终止反应称作偶合终止。

表示为：$2R—CH_2—CH_2{}'→R—CH_2—CH_2—CH_2—CH_2—R$

某链自由基夺取另一自由基的氢原子或其他原子的终止反应，则称作歧化终止。

表示为：$2R—CH_2—CH_2{}'→R—CH=CH_2 + R—CH_2—CH_3$

（4）链转移

在自由基聚合过程中，链自由基有可能从单体、溶剂、引发剂等低分子或大分子上夺取一个原子而终止，并使这些失去原子的分子成为自由基，继续新链的增长，使聚合反应继续进行下去。这一反应称作链转移反应。

向低分子转移的结果，使聚合物分子量降低。

分子间的链转移：活性增长链和大分子中的氢原子作用而生成游离基的链传递。如果乙烯分子与这种活性游离基价键继续结合，便生成长支链：

$R—CH_2—CH_2{}' + R—CH_2—R''→R—CH_2—CH_3 + R'—CH—R''$

分子内的链转移：活性增长链中一个氢原子被同一链的其他碳原子夺取，如果乙烯分子与这种活性游离基结合，则形成短支链：

$R—CH_2—CH_2—CH_2—CH_2—CH_2{}'→R—CH—CH_2—CH_2—CH_2—CH_3$

在高压聚乙烯生产中，通常加入调整剂，如丙烷、丙烯、丙醛等，就是利用链转移反应的特点来调节分子量。

（5）自动加速现象

聚合反应达到一定转化率后聚合速率会出现自动加速现象，主要是由于体系的黏度增加所引起的，体系黏度增加后，链段重排受到阻碍，双基终止困难，终止速度常数 K 显著下降，增长速率常数变化不大，因自动加速显著，分子量也迅速增加。黏度继续增大到妨碍单体活动的程度后，聚合速度则减低。

7.1.1　自由基聚合反应的特征

根据上述机理分析，可将自由基聚合的特征概括如下。

自由基聚合反应在微观上可以明显地区分成链的引发、增长、终止、转移等基元反应。其中引发速率最小，是控制总聚合速率的关键。可以概括为慢引发，快增长，速终止。

只有链增长反应才使聚合度增加。一个单体分子从引发，经增长和终止，转变成大分子，时间极短，不能停留在中间聚合度阶段，反应混合物仅由单体和聚合物组成。在聚合全过程中，聚合度变化较小。在聚合过程中，单体浓度逐步降低，聚合物浓度相应提高，延长聚合时间主要是提高转化率，对分子量影响较小，凝胶效应将使分子量增加。少量（0.1%~0.1%）阻聚剂足以将使自由基聚合反应终止。高压聚乙烯生产是在高温高压下的聚合反应，其反应机理除具有一般自由基聚合反应特点外，还有自身的特点：①强烈的放热反应；②C_2H_4被压缩到密度 $0.5g/cm^3$ 近似不能压缩的液体；③聚乙烯完全溶在乙烯中，形成均相。

7.1.2 引发剂的特性

（1）空气引发剂的特性

用空气作为引发剂的优点是操作简单，价格低廉。使用空气作为引发剂的场合，被引发的聚合反应温度大约在200℃以上，相对较高，空气能将聚合反应温度提高到300℃以上。但由于引发反应机理较复杂，与有机过氧化物引发剂比较，其反应是不稳定的，不容易控制，有时反应停止或发生分解反应。

（2）有机过氧化物引发剂特性

有机过氧化物要注意防止热、碰撞和阳光直射，其价格较高。然而有机过氧化物有些特性是空气不具备的。有30多种过氧化物可作为高压聚乙烯的引发剂，其中在高温下才有引发作用的过氧化物称高温活性过氧化物，在低温下起引发作用的过氧化物称为低温活性过氧化物。当使用低温活性过氧化物时，聚合反应能在低温下引发，当使用高温活性过氧化物时，聚合反应在高温下引发。由于过氧化物引发的反应很稳定，与使用空气引发剂相比，聚合反应可控性好，简单。

7.1.3 引发剂的半衰期和选择原则

对于一级反应，常用半衰期来衡量反应速率大小，所谓半衰期是指引发剂分解至起始浓度一半时所需的时间，以 $t_{1/2}$ 表示。引发剂的活性可以用分解速率常数或半衰期来表示，分解速率常数越大，或半衰期越短，则引发剂的活性越高。

在聚合研究和工业生产中，应该选择半衰期适当的引发剂，以缩短聚合时间。在聚合温度下，半衰期过长，在一般聚合时间内，引发剂残留分率很大，未反应的引发剂将残留在聚合体系内；相反，半衰期过短，早期就有大量的分解，聚合后期将无足够的引发剂来保持适当的聚合速率。

①根据聚合方法选择引发剂类型。本体聚合选择偶氮类和过氧化物类油溶性有机引发剂；

②根据聚合温度选择活化能或半衰期适当的引发剂，使自由基形成速率和聚合速率适中。如引发剂的分解活化能过高或半衰期过长，则分解速率过低，将使聚合时间延长。但活化能过低或半衰期过短，则引发过快，温度难以控制，有可能引起爆聚；或引发剂过早分解结束，在低转化率阶段即停止聚合。一般应选择半衰期与聚合时间同数量级或相当的引发剂。

7.2　反应条件与分子结构

当聚合反应达到正常状态保持动态平衡时，各单元反应起作用的是压力、温度、气体组成，这些条件决定了所生产聚乙烯的分子结构及物性。

（1）温度的影响

①温度对聚合速度的影响。温度升高，聚合速度加快。另外，在聚合反应总活化能中，引发剂分解的活化能占主导地位。如果选择活化能较低的引发剂，则可显著加快反应速度，比升高温度的效果还显著，有机过氧化物引发剂用于低温聚合，仍能保持较高的聚合速率，就是这个原因。因此，引发剂的选择和用量的确定是控制聚合速度的主要因素。

②温度对分子量的影响。温度升高，聚合度降低，即分子量下降，所以温度升高，对链转移反应有利，即平均分子量降低。

③温度对支链的影响。温度升高，有利于链转移反应，生成的支链较多。

④温度对分子量分布的影响。分子量分布是以综合反应系统内所生成的全部分子来表达。由于温度对聚合度和支链有影响，所以认为温度变化范围大时，分子量分布就宽。另外，若反应停留时间长，生成长链分支就较容易，分子量分布就广。

（2）压力的影响

①压力对聚合速度的影响。压力增加，单体浓度增大，单位时间内活化分子有效碰撞次数增大，故反应速度增大。

②压力对分子量的影响。压力增大，聚合度增加，因此分子量增大。

③压力对支链的影响。压力增加，支化程度降低。

④压力对分子量分布的影响。压力低，链转移反应就容易形成，生成的聚合物分子量分布就广。

（3）气体组成的影响

①惰性气体的影响。在乙烯中含有惰性气体时，由于乙烯分压降低，产生和

压力减少同样的效果。惰性气体的浓度越高，分子量越低。所以在实际生产中为了防止乙烯中惰性气体的累积，返回一部分乙烯气体到裂解精制。

②加入丙烯、丙醛等气体调整剂，虽然乙烯气体的分压降低了。但这些调整剂参与链转移反应，形成短支链，使产品 MI 上升和密度下降。

7.3　反应条件与物性

高压法生产聚乙烯是自由基气相本体聚合反应生产的，此法是将乙烯压缩到高达 200~300MPa 的压力条件下，用氧或有机过氧化物作为引发剂，在 300℃ 左右的温度下经自由基聚合反应转变为聚乙烯。

乙烯在高压条件下虽然仍是气体状态，但其密度达 $0.5g/cm^3$，已经接近液态烷的密度，近似于不能再压缩的液体——气密相状态。

压力对气相反应影响很大，增加压力有利于链增长与链传递反应。在超高压条件下，乙烯被压缩为气密相状态。此时乙烯分子之间的距离大大缩短，增加了乙烯浓度，也就是增加了自由基与乙烯分子之间的碰撞几率，使聚合反应易于发生。反应压力条件的变化不仅影响反应速度，而且对于产品聚乙烯的分子量及其性能也发生影响。当反应压力提高时，聚合反应速度加大，聚乙烯的分子量升高，而且支链较少，聚乙烯的密度稍有提高。压力增高，反应速度加快，产率增大，平均分子量增加，熔融指数（MI）降低。反应压力对 MI 有一定的影响，在压力较低时影响大一些，在超高压时影响很小，这时 MI 主要是由加入的调整剂来调节。增高压力，增加了活性增长链与单体碰撞的机会，可得到较少支链的长支链，支化度降低，相应结晶度增高、密度增加。聚乙烯产品的力学性能改变，硬度增强。抗张、拉伸强度加强。压力增加，聚合物的支链减少，聚乙烯薄膜的透明性更好。高压法聚乙烯的反应温度高达 300℃ 左右，但反应温度不能超过 350℃，因为乙烯在 350℃ 以上会发生分解反应引起爆炸！聚合反应温度升高，反应速度加快，反应的链增长速率和链传递速率都在增加。而链增长活化能为 16.736kJ/mol，链传递活化能约为 62.760kJ/mol。因此随着温度上升，链增长速率的增加比链传递速率的增加要慢得多；再有，温度升高使得已生成的高分子热裂解，这样聚乙烯产品的平均分子量降低。反应温度对聚合物的分子结构的影响也很大。温度升高，链传递速率加快，造成大分子多短支链和长支链，支化度增加，结晶度降低，密度降低。

高压聚乙烯的反应温度是由引发剂的注入量来直接控制反应的峰值温度，聚乙烯产品的光学性质是受反应温度影响的。反应峰值温度升高，光学性质就会降低。

温度升高，使引发剂分解特别快，而生成更多的活性自由基，这样单位时间内生成的聚合物就相应增多，也就是说，温度升高，提高了单程转化率。

温度升高，引发剂分解增加，从而增加引发剂的消耗。

7.4　原料及三剂选择

乙烯高压聚合过程中，单程转化率为 30% 左右，所以大部分的单体乙烯要循环使用。对于乙烯的纯度要求要超过 99.95%。乙烯在常压下为气体，临界压力为 5.07MPa，临界温度 9.90℃，爆炸极限 2.75% ~28.6%，纯乙烯在 350℃ 以下稳定，更高的温度则分解为 C、CH、H，放出大量的热并发生爆炸。

$$CH_2{=\!=}CH_2 \longrightarrow CH_4 + 127.361kJ/mol$$

$$CH_2{=\!=}CH_2 \longrightarrow 2C + 2H_2 + 47.698kJ/mol$$

由于乙烯聚合反应热高（3347.2 ~3765.6kJ/kg），因此在工业生产聚乙烯的过程中，反应热的撤除十分关键。

7.4.1　催化剂

乙烯高压聚合是自由基的聚合反应，因此在聚合时需要加入自由基引发剂，工业上常叫催化剂。除了用氧或空气可作为引发剂外，工业上常用的是过氧化物引发剂体系。乙烯高压聚合用的过氧化物引发剂一般是用溶剂配置到一定浓度的溶液，用催化剂计量泵注入反应器进行引发反应。过氧化物催化剂的反应温度很广，在 120 ~330℃ 范围。因此其反应速度快，效率高。反应器中反应速度快慢是由注入的过氧化物的量来控制。因此在反应操作中主要靠引发剂的注入量来控制反应温度。聚合反应同时使用多种引发剂，实行多个进料注点注入催化剂。形成多个峰值反应温度，这样可以提高乙烯的单程转化率，提高产量的同时改变聚乙烯产品的分子量分布。

7.4.2　分子量调整剂

在高压聚乙烯的生产中，为了控制产品的熔融指数、分子量、密度和一些使用性能等，必须加入适当量的分子量调整剂。而要调节力学性能、光学性能，要根据不同要求加入不同的分子量调整剂，可用的调整剂包括烷烃（乙烷、丙烷、丁烷)、烯烃(丙烯、丁烯)、氢、丙酮和丙醛等。分子量调整剂也是一种高效能的链传递剂,在聚乙烯聚合的反应机理中,主要起着链传递的作用,链传递剂以两个步骤控制分子量,第一步要求链传递剂与所存在的自由基起反应,第二步要求在上述反应中所产生的自由基必须非常迅速与乙烯起反应,并且开始聚合活性链增长,原来的大分子停止增长,这样分子量自然降低了,MI 就可以控制在一定范围内。

7.4.3 添加剂

为了提高产品的性能,改善产品质量,在挤压造粒系统按不同要求加入一定量的添加剂:

①开口剂:为使吹塑的包装袋易于开口添加的添加剂。常用高分散性的二氧化硅作为开口剂。

②滑剂:在聚乙烯中加入某些物质,这些物质能使聚乙烯在受热成型加工过程中,如模塑、注塑成型中容易脱模,吹塑成型中使薄膜之间黏结力减弱,产品表面光洁等,这类物质称为滑剂。可用油酸酰胺、芥酸酰胺作为滑剂。

③抗氧剂:为了防止聚乙烯在成型过程中受热时被氧化,防止使用过程中老化,所以加入抗氧化剂,如有机化合物酚类、芳胺等,这些化合物生成的自由基比较稳定,因此能抑制塑料的氧化降解,提高其抗氧化性能,所以这些化合物称为抗氧剂。

7.5 聚乙烯产品性质

任何一种产品都是按照规定的标准条件——产品牌号规定的质量标准来生产的。根据产品的性能确定其工艺条件,如反应的温度、压力及其他工艺参数,具体来说,就是控制产品的熔融流动指数、产品密度和其他物理化学性能。高压聚乙烯产品特点:

(1)分子结构

低密度聚乙烯分子结构是以亚甲基为主链并含有一定数量的长、短支链所组成的线型分子。

(2)化学性质

①化学稳定性:一般情况下耐酸、碱及盐类溶液的作用,但不耐氧化性酸类的腐蚀。对于有机溶剂,当温度低于 60℃ 基本上不溶解,在较高的温度下,在

烃类和卤代烷类溶剂中溶解度上升。

②氧化性能：在聚乙烯分子中存在双链、支链、残余的引发剂和含氧化合物等杂质，其氧化性能较差，常温下也可发生缓慢的氧化作用，在光和热、紫外线作用下，氧化速度加快。氧化作用引起产品的物理机械性能发生明显变化。因此，在产品中常加入一定的抗氧化剂，以减慢其氧化作用。

（3）物理机械性质

①结晶度：低密度聚乙烯树脂的结构状态由结晶结构和无定形结构两部分组成，结晶度一般在 50% ~70%，结晶度直接影响产品的性能。

②耐热性：低密度聚乙烯是一种优良的热塑性塑料，在常温和低温下保持良好的柔韧性，可耐 −70 ~ −50℃ 低温，受热时通常逐渐变软，软化温度约为120 ~125℃。隔绝氧气的条件下，300 ~350℃时发生分子降解。高于350℃则有大量气体生成。

③机械性能：各项机械性能随树脂分子量而变化，结晶部分使其具有刚性，无定形部分则使其有韧性和弹性。

④介电性能：低密度聚乙烯树脂具有优良的介电性能，适于制造各种高频绝缘材料及电缆。

7.5.1 产品质量指标

反应温度、压力、脉冲周期深度、调整剂类型及用量、反应器夹套热水温度等，这些工艺条件随着不同产品熔融指数、密度、薄膜外观等的不同而变化。

（1）熔融指数（熔融流动速率）

熔融指数是产品质量中最重要的指标，在生产中，熔融指数主要是由调整剂的注入量决定，调整剂增加，熔融指数升高。其次，反应压力和反应温度对熔融指数也有影响，压力升高，熔融指数降低；温度升高，熔融指数也升高。

（2）密度

密度是产品质量中另一个主要的指标，生产过程中，密度主要由反应压力调节，压力升高，密度升高。反应温度对密度也有比较显著的影响，温度升高，密度降低。其次烯烃类调整剂会令产品的密度有比较显著的降低。

（3）清洁度

影响产品的清洁度的杂质主要是低压分离器或挤压机筒体里受热过分而产生的老化料，一般是在长时间停车后再开车时比较多。另外，添加剂注入过量也会使产品泛黄。其次，产品输送管线内壁磨下来的细屑也会影响产品清洁度。

为了提高清洁度，我们应做到以下几点：

①开车前充分拉料，尽量将筒体内的老化料拉出来。

②添加剂注入不能超量，挤压机停止时，应同时停止添加剂的注入。

③颗粒水保持溢流，防止杂质积累而影响产品清洁度。

④保持料仓的干净，常洗料仓，尽量将系统里的杂质清理出去。

（4）水分

产品水分超高，可能有以下两个原因：

①预脱水筛堵塞，预脱水效果不好，进入离心干燥器的水量过大，无法完全脱水。

②离心干燥器的空气入口滤网堵塞或出口风机故障堵塞，无法将里面的水汽抽出。

（5）强度

产品的强度与产品的密度有很大的关系，密度高，结晶度大，产品硬、脆，延伸性能不好，产品的断裂强度提高，断裂伸长率降低。反之，密度低，结晶度小，产品软但延伸性能好，产品的断裂强度降低，断裂伸长率提高。所以影响密度的因素同样是影响强度的因素。

此外，添加剂的加入也会降低产品的强度，使断裂伸长率降低

（6）浊度

一般情况下，密度升高，产品的浊度降低，使用不饱和烃作调整剂也能提高产品的透明性。

（7）低温脆性

分子量越大，低温脆性越好，也就是说，熔融指数越低，低温脆性越好。

（8）光泽度

产品的光泽度最大的影响因素来自分子长链支化。长链支化增多，成膜性能降低，做膜或制电缆及成型制品时，表面粗糙，光泽性差。导致分子长链支化的主要原因是温度，反应温度越高，长链支化的程度越大。

（9）开口性

产品的开口性好坏，主要看注入的开口剂质量的好坏，添加剂注入是否平稳，以及注入量是否足够。

（10）爽滑性

产品的爽滑性好坏，主要看注入的开口剂质量的好坏，添加剂注入是否平稳，以及注入量是否足够。

（11）鱼眼

产品的鱼眼主要由老化料、杂质及反应器的粘壁料造成。常规的质量控制测试通常包括 MI、密度、添加剂含量、薄膜外观、颗粒外观的测试，对有些薄膜牌号还需要测试浊度和光泽度。

7.6　聚乙烯生产工艺

7.6.1　工艺流程简介

图 7-1 所示为 LDPE 装置工艺流程简图。

（1）乙烯来源

新高压聚乙烯装置所消耗的乙烯来自新裂解装置，乙烯到达高压装置的界区条件是：压力：（3.2±0.3）MPa（G），温度：环境温度。

（2）工艺简述

来自新裂解装置的乙烯经高压装置界区压力控制阀减压至 2.6MPa 后，进入一次压缩机，经一次压缩机三级压缩冷却后，乙烯压力达 280MPa；增压后的乙烯和来自高压循环系统的乙烯混合，进入二次压缩机，经二次压缩机两级压缩冷却后，乙烯压力升至最高 310MPa（根据生产牌号）。

从二次压缩机出来的乙烯进入到反应器预热器，用中压蒸汽将乙烯加热至 180℃；在反应器，有机过氧化物引发剂通过注入泵分 4 点注入，引发 4 段反应，形成 4 个反应温峰，反应温度最高升至 310℃；反应器每个反应段用中压热水和低压热水将乙烯/聚合物冷却至 220℃。通过脉冲阀控制反应压力和脉冲出料。反应出来的物料在产品冷却器冷却至 280℃，进入高压分离器进行分离，分离出乙烯气体和聚合物；高压分离器的操作条件是 280℃，30MPa；分离出来的乙烯气体经高压循环系统五级冷却、四级分离后，重新进入二次压缩机。高压分离器底部出来的融熔聚合物经产品阀减压后，进入低压分离器作进一步的闪蒸分离；低压分离器出来的气体经低压循环系统冷却分离后，进入增压机，乙烯气体在增压机经三级压缩后，一部分气体回到一次压缩机入口，另一部分气体返回至裂解车间精制。熔融的聚合物经低压分离器底部的滑阀控制，并由挤出机挤出，切粒机切粒后，颗粒再经干燥、筛分、计量，通过密相输送系统进入脱气，脱气完毕后，颗粒被送至成品仓，然后包装出厂。

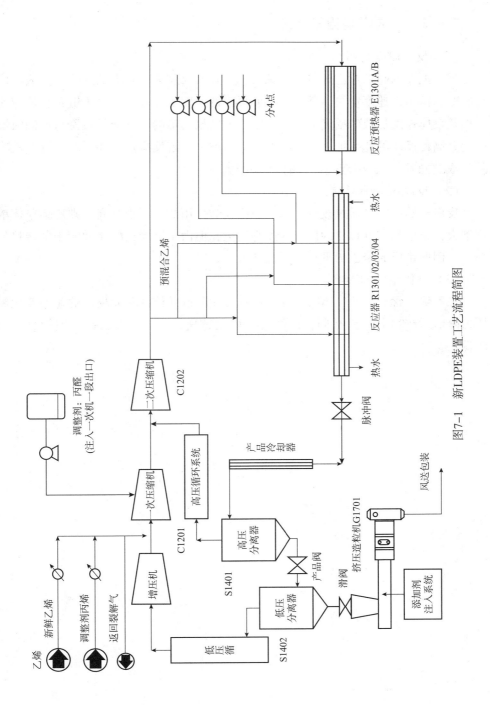

图7-1 新LDPE装置工艺流程简图

7.6.2 主要影响因素

（1）反应温度的影响

反应温度的高低对乙烯自由基聚合的各基元反应都有较大的影响。反应温度较高时，链引发速度增快，其他各基元反应的速度也加快，但由于链转移反应比链增长反应速度加快的幅度大，所以使生成的聚乙烯的平均分子量降低，同时温度的升高使反应的速率加大，产生的反应热增加，若反应热不能及时撤除，就容易形成"热积聚"，引起爆炸性的分解反应。

（2）反应压力的影响

反应热的影响是通过改变乙烯的浓度而起作用的。压力升高，则乙烯单体浓度增大，链增长和链转移的反应速度都增大，但由于链增长的速度大于链转移的速度，因此生成的聚乙烯平均分子量变大。

（3）气体组成的影响

在乙烯中含有惰性气体时，由于乙烯分压降低，使各基元反应的速率变化和压力降低后产生的后果相同，惰性气体浓度越高，生成的聚乙烯的平均分子量越低。

第8章 聚丙烯工艺

8.1 聚丙烯的性能和用途

8.1.1 聚丙烯的性能

聚丙烯（简称PP）之所以能在工业化生产之后迅速地成为广泛的通用塑料，原因之一是它的性能优良，因而可以不断扩大应用范围。甚至于在某些方面还可以和聚乙烯、聚苯乙烯、聚氯乙烯相竞争，因为聚丙烯在外观、化学性能、物理性能、加工性能、改性性能之间有良好的平衡。

（1）聚丙烯的外观

聚丙烯树脂为本色、圆柱状颗粒，颗粒光洁，粒子的尺寸在任意方向上为3~5mm，无机械杂质。粉料为本白色粉末，无结块，合格品允许有微黄色。

（2）聚丙烯的化学性能

PP的化学稳定性优异，对大多数酸、碱、盐、氧化剂都显惰性。例如在100℃的浓磷酸、盐酸、40%硫酸及其它们的盐类溶液中都是稳定的，只有少数强氧化剂如发烟硫酸等才可能使其出现变化。PP是非极性化合物，对极性溶剂十分稳定，如醇、酚、醛、酮和大多数羧酸都不会使其溶胀，但在部分非极性有机溶剂中容易溶解或溶胀。

（3）聚丙烯的物理性能

密度：PP是所有合成树脂中密度最小的，仅为0.90~0.91g/cm³，是PVC密度的60%左右。这意味着用同样重量的原料可以生产出数量更多同体积的产品。

表面硬度：PP的表面硬度在五类通用塑料中属低等，仅比PE好一些。当结晶度较高时，硬度也相应增加一些，但仍不及PVC、PS、ABS等。

机械性能：PP的强度和刚性都比低压PE好，它制成的活动铰链，能承受

70000000 次以上的折叠弯曲，没有损坏痕迹；但其缺口特别敏感。

热性能：PP 有良好的耐热性，熔点为 164～170℃，耐 100℃ 以上的温度煮沸消毒，没有外力下，温度即使到 150℃ 也不变形，在低负荷下亦可在 110℃ 连续使用。

电性能：PP 是一种非常优良的电绝缘体，不吸水，不受空气潮湿影响，击穿电压也高。是一种缓慢燃烧的材料。

（4）聚丙烯的加工性能

PP 属于结晶型聚合物，不到一定温度其颗粒不会熔融，不像 PE 或 PVC 那样在加热过程中随着温度提高而软化。一旦达到某一温度，PP 颗粒迅速融化，在几度范围内就可全部转化为熔融状态。PP 的熔体黏度比较低，因此成型加工流动性良好，特别是当熔体流动速率较高时熔体黏度更小，适合于大型薄壁制品注塑成型，例如洗衣机内桶。

至此，我们可以看出 PP 的加工性能是由它的物理性能决定的。PP 的物理性能是判断其可加工性的重要指标。有什么样的物理性能决定了 PP 有什么样的加工性能。同时，PP 加工性能的好坏也直接影响制品的物理性能、使用性能。因此，物理性能与加工性能之间是互助互制的关系。

（5）聚丙烯的改性性能

随着工艺的改进和新型催化剂（尤其是茂金属催化剂）的开发，市场上出现了全新的 PP 品种。与传统 PP 相比，它们在抗冲击、刚性、透明性、光泽、阻隔性能等方面的优势，不仅在传统 PP 应用领域发挥作用，而且也向其他应用领域渗透。目前，PP 新产品的开发主要包括高熔体强度、高透明、高结晶度、高流动 PP 等。

8.1.2　聚丙烯的用途

PP 主要用于生产编织制品、注塑制品、薄膜和纤维。

编织制品是 PP 的第一大消费领域，由于聚丙烯的来源丰富、价格低廉，故编织制品广泛采用聚丙烯作为主要原料，主要用于粮食、化肥、水泥的包装，其次是糖、盐、蔬菜及其他工业包装。今后编织制品一方面将向大型、重型化包装袋发展，即向集装袋方向发展，另一方面将向低重、低纤度包装袋发展。各种功能性编织袋如耐高温、抗静电、耐老化等编织袋的需求也将有一定的发展。

注塑制品是 PP 的第二大消费领域，由于 PP 优良的耐热性、力学性能、成本低和良好的环境适应性等优点而倍受人们的青睐，主要用于硬包装（容器、周转箱、托盘、瓶盖等）、消费用品（厨具、家具、花盆、旅行箱等）、汽车配件（汽车内饰、保险杠、蓄电池等）及医疗制品（注射器、工具箱、料盆等），在这些应用中 PP 将替代传统材料如木材、玻璃和金属等。由于 PP 密度很低，加上具有良好的力学性能和加工性能，使它非常适宜那些考虑成本和自重的大排量汽车使用。

薄膜是 PP 的第三大消费领域，包括双向拉伸 PP 等。双向拉伸 PP 由于具有防潮、力学强度高、尺寸稳定性好、质轻、无毒、无臭、印刷性能良好等优点而被广泛应用于印制、涂布、香烟及食品包装袋、真空镀铝、电容器等方面。PP薄膜具有良好的光学透明性和低潮湿转移性，所以主要用途有快餐食品包装、压敏带背衬和标签带等。PP 薄膜的市场包括形形色色的小商品领域，如皱缩膜包装、细软物品包装、摄影和绘画用品包装、电容器和电子工业用薄膜、一次性使用尿布扎带和搭扣等。

纤维是 PP 的第四大消费领域，PP 纤维是所有合成纤维中总相对密度最小的品种，因此它质量最轻，单位重量的纤维能覆盖的面积最大。而且其强度与合成纤维中高强度品种涤纶、锦纶相近，但在湿态时强度不变化，这一点优于锦纶。此外，PP 纤维同其他合成纤维一样，不易发霉、腐烂，不怕虫蛀。PP 纤维主要用于地毯（包括地毯底布和绒面）、装饰布、土工布、无纺布、各种绳索、条带、渔网、建筑增强材料、包装材料等。其中 PP 纤维无纺布由于其在婴儿尿布、妇女卫生巾的大量应用而引人注目。PP 纤维还可与多种纤维混纺制成不同类型的混纺织物，经过针织加工制成外衣、运动衣等。由 PP 中空纤维制成的絮被，质轻、保暖、弹性良好。

此外，PP 在医疗及卫生材料方面的消费增长也很快。PP 产品分为均聚级、无规共聚级、中抗冲共聚级和高抗冲共聚级等若干等级。均聚 PP 可挤出成型管材、管件、电线/电缆，而无规共聚 PP 主要用于层压纸、密封剂和黏合剂。

8.2 聚丙烯的工业概述

8.2.1 聚丙烯的发展史

聚丙烯是由丙烯聚合而成的一种热塑性塑料，工业上也把丙烯与少量乙烯、α-烯烃等共聚所得到的共聚物包括在内。

20 世纪 40 年代，Phillips 公司开始烯烃聚合技术的开发，在 1951 年成功地合成了乙烯聚合物，并迅速实现了工业化的同时，结晶 PP 也被开发出来。但由于当时乙烯成本低于丙烯，PP 技术未得到重视。

1954 年意大利米兰化工研究院的 Natta 教授成功地将丙烯聚合成为具有立体规整（等规）的 PP，并创立了定向聚合理论。1957 年意大利的 Montecatini 公司首先实现了 PP 的工业生产。建立了第一套 5000t/a 的 PP 装置。之后，世界上较大的化学公司先后从该公司引进 PP 生产技术，开始大规模生产。

聚丙烯是与我们日常生活密切相关的通用树脂，是丙烯最重要的下游产品，世界丙烯的 50%、我国丙烯的 65% 都是用来制聚丙烯。聚丙烯是世界上增长最快的通用热塑性树脂，总量仅仅次于聚乙烯和聚氯乙烯。从发现结晶 PP 开始，虽然世界经济几度萧条，大多数通用塑料受到了不同程度冲击，唯独 PP 的消耗持续增长。在近 20 年时间中，PP 在通用塑料中持续保持最快发展速度，并预计在未来十年中仍可维持这种发展势头。1998 年世界聚丙烯产能为 2925 万吨，1997 年世界聚丙烯的总产量约 2390 万吨，产值约为 210 亿美元。从 1991 年始世界产量增长约年均 9%，在通用树脂中增长速度仅次于 LLDPE。

和其他通用树脂一样，亚洲金融危机对聚丙烯需求也有很大影响，即使在调低的预测水平下，与其他树脂相比，聚丙烯仍保持较强劲的增长速度。新的预测表明，1997 年到 2002 年世界聚丙烯需求年均增长率为 7.1%，而同期聚乙烯为 5.2%，PVC 为 5.0%，聚苯乙烯为 4.1%。聚丙烯需求增长快的原因可简单归纳为以下几点，即便宜、轻、良好的加工性和用途广，催化剂和新工艺的开发进一步促进了应用领域的扩大，如汽车和食品包装等新用途的开发进一步促进了需求的增长，过去没有这么多的聚丙烯用于汽车工业，聚丙烯也很少用于吹塑和热成型加工。有人说："只要有一种产品的材料被塑料替代，那么这种产品就有使用聚丙烯的潜力。"

8.2.2　国内外聚丙烯的工业概况

聚丙烯是通用塑料中最年轻的一种。1954 年意大利纳塔（Natta）教授合成结晶聚丙烯成功。第一套工业装置 1957 年建立于意大利蒙特埃迪生公司（Montedison），规模为 6000t/a。同年，美国赫格里斯（Herculess）建立一套 9000t/a 聚丙烯的生产装置。此后，西德（1958）、美国（1959）、法国（1960）、日本（1962）也都相继建起自己的聚丙烯生产装置。由于聚丙烯原料丰富、价廉，产品综合性能好，加工方便，制品用途广泛，加之新工艺及催化剂的不断开发成功，30 多年来，聚丙烯的生产及应用得到了其迅速的发展。

我国 1962 年开始研究聚丙烯生产装置，1972 年才实现工业化。之后主要建设一些溶剂法的小型工业装置，因在技术、设备、原料和产品质量方面还存在一些问题，产品无竞争能力，因此相继停车或改为本体法。自 1978 年江苏丹阳第一套间歇液相本体聚丙烯装置投产至今，我国自行开发的间歇液相本体聚丙烯装置的生产能力已超过 40 万吨/年。1964 年至 1974 年间，为迅速发展我国的聚丙烯工业，我国先后从英国、日本、美国引进三套溶剂法聚丙烯装置分别建在兰州、北京和辽阳，总生产能力为 12 万吨/年（后经改造已达到 16.7 万吨/年）。随着聚丙烯生产技术的进步，我国在 80 年代又先后从日本、意大利引进了五套本体 – 气相组合法聚丙烯装置分别建在南京扬子、山东齐鲁、盘锦、金山（上海）和抚顺。到 1999 年年底，国内聚丙烯生产厂家约有 70 个，生产能力为 300 万吨/年，其中大多是装置能力低、工艺落后的小间歇本体生产企业。

由于聚丙烯技术的进步和产品应用的不断开发，在全世界范围内成为目前最有活力的通用聚合物之一，在 20 世纪 70 年代和 80 年代开发了高活性、高等规度的催化剂，这些高效催化剂的投入应用，使聚丙烯的工艺技术得到了很大的发展，流程得到了简化，省去了催化剂残渣和副产无规聚合物等工序。有的公司还研制出一些特殊需要的产品，扩大了产品的加工应用范围。由于工艺技术和催化剂等各方面的改进使装置的投资和生产成本不断下降，企业效益不断改善，为此，世界上许多聚丙烯工业公司都发展了自己的专利技术，并获得了专利许可证，在经济上有相当的竞争力，全世界聚丙烯主要生产工艺技术情况见表 8 – 1。

表 8 – 1　全世界聚丙烯工艺技术表

均聚物	抗冲共聚物	主要工艺技术
本体环管法	气相法	Basell，Fina，Philps，Solvay
本体搅拌釜	气相法	三井油化，住友，Shell
气相流化床	气相法	UCC/Shell，住友
气相搅拌釜	气相法	BASF，Amoco/窒素
淤浆法	淤浆法	多种
溶液法	淤浆法	Eastman

目前世界上比较先进的聚丙烯生产工艺主要是本体 – 气相组合工艺。经典代表有：Spheripol 本体 – 气相法/Exxonmobil/ST 工艺、Hypol 本体 – 气相工艺、Unipol 气相流化床工艺、Novolene 气相工艺、Ineos（BP – Amoco）/JPP 气相工艺、Spherizone 气相工艺等。

8.3 聚丙烯的生产工艺

8.3.1 三井油化的 Hypol 工艺

Hypol 工艺采用釜式液相本体 – 气相组合的工艺技术，使用 TK – Ⅱ 高效载体催化剂，催化剂活性 $>2 \times 10^4$ g PP/g cat，可不脱灰、不脱无规物 PP 的等规度 ≥ 98%，粒度分布窄，可生产宽范围的 PP。Hypol 聚丙烯工艺于 1984 年在千叶工厂的两条 4 万吨/年的生产线上首次投产。世界采用此工艺的生产装置及在建装置 23 套，总生产能力为 200 万吨/年。该工艺生产的聚丙烯产品品种多、牌号全、白度高、光学性能好、挥发性和灰分含量低、产品质量优异，不需进一步处理就能达到全部质量要求。我国扬子石化、盘锦乙烯、洛阳石化、广州石化都有该工艺装置，生产能力约为 46 万吨/年。

8.3.2 海蒙特公司的 Spheripol 工艺

Spheripol 工艺采用环管液相本体—气相组合工艺技术，使用 GF – 2A、FT – 4S、UCD – 104 等 10 种高效载体催化剂，催化剂活性达 4×10^4 g PP/g cat，产品等规度为 90% ~ 99%，可不脱灰、不脱无规物。该工艺采用新的催化剂和新添加剂加入技术，开发出无造粒的 Spheriform 工艺技术，与常规生产工艺相比，设备投资降低 50%，能耗减少 85%，维修费减少 80%。Spheripol 工艺能生产很宽范围的 PP 产品，包括均聚物、无规共聚物、三元共聚物、多相抗冲击共聚物和乙烯含量大于 25% 的有高抗冲击性的共聚物。Spheripol 工艺的催化剂粒径大而圆且均匀，所以生成的聚合物颗粒大，呈粒形，粒度分布窄。另外环管反应器内的物料流速高，生成的粉料表观密度大且表面光滑，不易被气流吹走，为密相流化床反应器的应用创造了条件。全世界采用此技术的生产装置 43 套，总生产能力 600 万吨/年以上，包括在建装置总生产能力 >1000 万吨/年。我国齐鲁石化、上海石化、抚顺乙烯、茂名石化、天津联化、华北油田、大庆炼化等单位都采用该工艺，生产能力达 200 万吨/年。

8.3.3 联碳公司的 Unipol 工艺

Unipol 气相流化床工艺使用 Shell 公司的 SHAC 高效催化剂，催化剂活性达 $(2 ~ 2.5) \times 10^4$ g PP/g cat。省掉了催化剂纯化、脱灰和脱无规物工序，工艺流程短，无废液排出，PP 等规度可达99%。此工艺技术简单、经济、灵活，但生产稳定性差、产品形状不规则。全世界采用此技术的生产装置及在建装置总生产能力已增到 500 万吨/年，仅次于 Spheripol 工艺，最大单线生产能力可达32 万吨/年。

8.3.4　Amoco 气相工艺

Amoco 气相工艺采用卧式搅拌床气相反应器，反应器容积可达 $79m^3$。浆式搅拌使物料以活塞流形式流动，产品切换快，聚合反应热靠丙烯蒸发除去，使用超高活性载体钛系球形催化剂，催化剂活性达 $4 \times 10^4 g$ PP/g cat，PP 等规度达99%，生产过程不脱灰、不脱无规物，可生产均聚物、无规共聚物，亦能生产高刚性和高抗冲强度的共聚物，产品质量好，生产成本低。由于采用浆式搅拌，物料以活塞流形式流动，不需要大的循环，因此耗电量少，不需蒸汽，操作可靠。

8.3.5　巴斯夫公司的 Novolen 气相工艺

Novolen 气相工艺采用带双螺带搅拌立式反应器，物料在湍流状态下流动，催化剂均匀分散在粉末床中，第一个反应器生产均聚物和无规共聚物，第二个反应器生产抗冲共聚物。由于它采用搅拌混合形式，物料在聚合釜中的停留时间难以控制均匀，使产品分子量变宽，产品中 Ti、Cl 离子和灰分增高，催化剂活性较低。该工艺优点是流程短，投资少。从 1990 年改用高活性催化剂后省去了脱氯处理，增加了生产能力，最大单线生产能力25 万吨/年，世界用此技术的总生产能力已达380 万吨/年。

8.3.6　共聚物产品的典型规格和性能

根据目前的国产化第二代环管聚丙烯工艺技术，牌号及技术指标如表 8 – 2、表 8 – 3 所示。

表 8 – 2　无规共聚物产品的典型规格和性能

牌号	标准熔融指数/$(g/10^3 min)$ ASTM D1238L	抗张屈服强度/MPa ASTM D638	屈服伸长率/% ASTM D638	挠曲模量/MPa MA17074	悬臂梁冲击强度（23℃）/（J/m）ASTM D256	洛氏硬度 R ASTM D785	热变形温度（0.46N/mm²）/℃ ASTM D648	维卡软化点/℃ ASTM D1525
EP2S30B	1.8	27	14	850	100	77	70	130
EP2S34F	1.8	27	14	850	100	77	70	130

牌号	标准熔融指数/(g/10³min) ASTM D1238L	抗张屈服强度/MPa ASTM D638	屈服伸长率/% ASTM D638	挠曲模量/MPa MA17074	悬臂梁冲击强度(23℃)/(J/m) ASTM D256	洛氏硬度 R ASTM D785	热变形温度(0.46N/mm²)/℃ ASTM D648	维卡软化点/℃ ASTM D1525
EP2C37F	6	26	13	850	55	79	72	130
EP2X37F	8	26	12	950	65	81	75	125
EP2X30G	8	26	12	950	65	81	75	125
EP1X30G	8	26	12	1150	50	84	80	138
EP1X30F	8	30	12	1150	50	84	80	138
EP2S12B	1.8	27	13	1000	120	86	78	135
EP1X35AF	8	30	12	1150	45	94	83	139
EP2Y29GA	10	28	12	1050	85	94	83	128

表 8-3　共聚物产品的典型规格和性能

牌号	标准熔融指数/(g/10³min) ASTM D1238L	抗张屈服强度/MPa ASTM D638	屈服伸长率/% ASTM D638	挠曲模量/MPa MA17074	悬臂梁冲击强度(23℃)/(J/m) ASTM D256	洛氏硬度 R ASTM D785	热变形温度(0.46N/mm²)/℃ ASTM D648	维卡软化点/℃ ASTM D1525
D50S	0.3	32	13	1350	200	84	90	152
D60P	0.3	32	13	1350	200	84	90	152
Q30P	0.7	33	13	1400	150	90	90	152
Q30G	0.7	33	13	1400	150	90	90	152
S30S	1.8	34	12	1450	60	90	92	152
S38F	1.8	34	12	1450	60	90	92	152
S60D	1.8	34	12	1450	60	90	92	152
T30S	3	35	12	1500	55	90	93	153
T30G	3	35	12	1500	55	90	93	153
T50G	3	35	12	1500	55	90	93	153
SC30G	6	35	12	1550	40	92	93	153
C30S	6	35	12	1550	40	92	93	153
X30G	8	35	12	1550	37	93	93	154
X30S	8	35	12	1550	37	90	90	154

续表

牌号	标准熔融指数/ (g/10³min) ASTM D1238L	抗张屈服强度/MPa ASTM D638	屈服伸长率/% ASTM D638	挠曲模量/MPa MA17074	悬臂梁冲击强度 （23℃）/ （J/m） ASTM D256	洛氏硬度 R ASTM D785	热变形温度 (0.46N/mm²) /℃ ASTM D648	维卡软化点/℃ ASTM D1525
X37F	9	33	12	1400	34	93	92	153
F30S	11	34	11	1550	30	95	94	154
F39S	12	32	11	1550	30	95	94	154
V30G	16	33	10	1550	30	95	94	154
V30S	16	33	10	1550	30	95	94	154
Z30G	25	32	10	1500	30	95	94	154
Z39S	25	32	10	1500	30	95	95	154
Z30S	25	32	10	1500	30	95	95	154
Z11G	25	32	10	1250	30	92	98	151
SH39S	35	32	10	1450	30	95	96	154
SH30S	35	32	10	1450	30	95	96	154

8.4 聚丙烯典型工艺简介

聚丙烯流程简图如 8 - 1 所示。

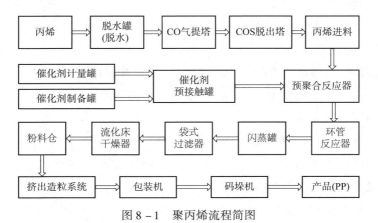

图 8 - 1 聚丙烯流程简图

（1）丙烯预精制

从气分装置来的丙烯含有水及硫化物、CO、O_2、AsH_3 等杂质，其中大部分水及硫化物在预精制工段脱除，其余杂质在精制工段脱除。

气分来的丙烯首先进入游离水分离器除去游离水，然后进入丙烯脱水塔 A/B/C。正常时两用一备。当脱水塔出口中丙烯水含量 >10mg/L 时，使用备用脱水塔。同时对更换下来的脱水塔内分子筛进行再生操作。

丙烯脱水后进入丙烯脱 COS 塔 A/B，正常时一用一备。

预精制合格的丙烯可直接送入罐区，自罐区由泵送入聚合区的丙烯精制单元进一步脱除对催化剂有毒性的组分，达到进聚合区的要求。

（2）助催化剂和固体催化剂的配制和进料

将桶装的液体助催化剂 – 1（给电子体 DONOR C 或 DONOR D），转移至给电子体进料罐 A/B/C 中，为了便于计量用烃油将其稀释，然后用给电子体计量泵 A/B 将此给电子体溶液送到催化剂预接触罐中。

助催化剂 – 2 为高浓度的三乙基铝（TEAL），将钢瓶装的三乙基铝送至 TEAL 贮罐，该罐的容积足够容纳一钢瓶的三乙基铝。然后从 TEAL 贮罐转移至 TEAL 进料罐，从这里用 TEAL 计量泵 A/B 将三乙基铝送至催化剂预接触罐。

将烃油和经油脂加热器加热的烃脂分别加到被加热的油/脂混合罐 A 和 B 中，烃油先由泵送至催化剂分散罐，然后用催化剂桶吊车，将固体催化剂倒入催化剂分散罐中。固体催化剂在预定的温度并连续搅拌下分散在油中，然后加入脂，连续搅拌最终冷却为稳定的催化剂膏。催化剂膏在低温下输送，经计量后进入催化剂预接触罐与两种助催化剂混合。

（3）TEAL 冲洗系统和添加剂进料系统

①TEAL 冲洗系统。

检修前用烃油冲洗与 TEAL（助催化剂 –2）接触的管线和设备。冲洗返回的废油贮存在废油收集罐中，用冲洗油泵送至废油处理罐。

②添加剂进料系统。

液体添加剂贮存在液体添加剂贮罐中，其用途是使 TEAL 失活并对油进行安全处理。液体添加剂用液体添加剂进料泵送到液体添加剂贮罐中，然后输送至后面的废油处理罐和低压丙烯洗涤塔中。

用泵将液体添加剂计量后送往挤压造粒工段。

③催化剂活化。

催化剂活化单元包括两个步骤。

首先，催化剂膏在一个小的搅拌罐（催化剂预接触罐）中与两种助催化剂混合。然后，从预接触罐溢流出来的活性催化剂混合物在管线上与冷的液体丙烯混合后，进入一个小的环管反应器（预聚反应器），在很短的停留时间内与补充的新鲜丙烯在低温下进行预聚合。这种在温和条件下进行的初步聚合反应目的是控制聚合物的形态。

（4）本体聚合

本体聚合反应是在两个串联的液相环管反应器中进行的。

来自预聚反应器的预聚合催化剂浆液同新鲜丙烯、用于分子量控制的氢气一起进入第一环管反应器。其中一部分丙烯聚合，另一部分液态丙烯作为固体聚合物的悬浮剂。第一环管反应器循环泵高速运转，保证反应器内物料混合均匀。

反应器内的浆液浓度保持在50%~55%的聚合物之间。

聚合反应温度70~80℃。

反应器操作压力为3.4~4.4MPa（G）。

从第一反应器出来的聚合物浆液直接进入第二反应器进一步聚合。第一反应器与第二反应器的体积相同，反应条件相同。

为了保证聚合产品的性能，所有进入环管反应器的物料必须保持恒定的流量和适当比例。

两个环管的反应热通过环管反应器上的夹套循环水撤出，夹套水分别在第一反应器夹套水冷却器和第二反应器夹套水冷却器中冷却后经第一反应器夹套水循环泵和第二反应器夹套水循环泵循环回夹套。

压力、温度及浆液浓度是被监测和自动调节的。

反应器的压力通过加压的反应器缓冲罐自动稳定控制，以保证需要的浆液过冷。

聚合物浆液从第二反应器中连续排出，通过一个蒸汽夹套管道，以使单体完全汽化，然后进入旋风分离式闪蒸罐。

旋风分离式闪蒸罐的操作压力为1.5~1.8MPa（G）。

（5）聚合物脱气和汽蒸

生产均聚物时，旋风分离式闪蒸罐底部的聚合物粉料送至循环气过滤器。循环气过滤器在接近常压下操作，将未反应的残余单体与聚合物分开。

从循环气过滤器顶部出来的相对数量较少的未反应单体进入低压丙烯洗涤塔，将气体中夹带的聚合物粉末除掉。洗涤后的丙烯气经循环气压缩机压缩后送至丙烯回收单元。

循环气压缩机停车维修时，该小股未反应的烃类可排至火炬，其间，装置任一部分不需停车。

从循环气过滤器出来的聚合物粉料靠重力进入汽蒸罐。蒸汽直接加入汽蒸罐以完全脱除掉任何残余的单体和丙烷，并去除催化剂残余活性，以改进产品质量。

蒸汽在经过汽蒸罐洗涤塔后被冷凝，少量废水排至水池。剩余未反应的单体和丙烷经汽蒸废气压缩机压缩后，可送出界区回收以排放丙烷。

（6）聚合物的干燥

汽蒸后的聚合物粉料排至干燥器，用热氮气除掉粉料表面的水分。

湿氮气经干燥器旋风分离器旋风分离除去细粉后进入干燥器洗涤塔，在洗涤塔中分离掉夹带的粉料，并将水冷凝，然后经干燥器鼓风机 A/B 循环回干燥器。

干燥的聚合物由闭路氮气输送系统（粉料气流输送单元）送至聚丙烯粉料中间料仓 A/B 或缓冲料仓。

（7）丙烯的洗涤和贮存

从闪蒸罐回收的未反应的丙烯和丙烷与循环气压缩机出口气体合并进入循环丙烯洗涤塔，在此将气体中可能夹带的微量粉末除去。

循环丙烯洗涤塔顶部的气体在丙烯冷凝器中冷凝。

冷凝的循环丙烯进入丙烯进料罐，丙烯进料罐也接收补充的新鲜丙烯。高压头的丙烯进料泵 A/B 将液体丙烯送至本体聚合单元。

为了避免高压头的丙烯进料泵 A/B 气蚀，通过丙烯蒸发器使丙烯进料罐保持恒定的较高压力；根据聚合单元丙烯的用量调节丙烯进料泵冷却器的回流量。

从丙烯冷凝器顶部连续排出一股丙烯以排放系统中累积的丙烷。

（8）工艺辅助设施

①反应器排放系统。

本装置有两个用于紧急排放时收集聚合物的容器，以防止聚合物进入火炬总管。

用于带压排放的高压排放罐和常压排放的第一低压排放罐分别收集来自环管反应器的浆液，脱气后排放至火炬。

排放安全旋风分离器和第二低压排放罐用于收集所有排至火炬的尾气中的聚合物，这些被收集的聚合物，通过汽蒸罐洗涤塔及汽蒸尾气压缩机经氮气和蒸汽处理后排出，通常可作为等外品出售。

②冷冻单元。

本装置需要少量冷冻水。冷冻机为整个装置制备冷冻水，冷冻水贮存在冷冻水罐中，用冷冻水泵 A/B 送至用户。

③蒸汽冷凝液回收。

PP 装置回收的所有蒸汽冷凝液都收集在蒸汽凝液罐中，凝液用蒸汽凝液泵 A/B 送往切粒水箱，用作切粒水的补充水，多余的凝液送出界区。

④废油处理。

废油处理：此工段为间歇操作，来自废油收集罐和低压丙烯洗涤塔的含助催化剂 - 2 的废油收集在废油处理罐中。

用于中和的添加剂以半批量的方式加入到废油处理罐中，同时通入氮气，使烷基铝脱活。

用冷却水来控制废油处理罐的温度。

处理后的油从废油处理罐底部排入油桶中，通常送至界区外烧掉。

⑤氮气压缩机。

界区内用氮气压缩机将氮气增压，用于管线和设备的压力试验和气密等。

⑥仪表风缓冲罐。

设置仪表风缓冲罐，用高压氮气作为备用仪表风，当仪表风供应中断时，以维持装置运行或安全停车的操作。

（9）后续处理

①废水处理。

工艺废水（来自汽蒸罐洗涤塔，干燥器洗涤塔）进入废水池，在池中设格栅或挡板，池中的粒子及粉末需要人工进行清理。污水通过重力流排入设置在装置内地下池子中的污水卧式罐，池边设置污水泵，污水提升后排入全厂压力含油污水排放管道，送往污水处理厂。

装置区雨水（包括初期雨水及后期的清净雨水）进入可能含油雨水系统，通过重力流进入全厂污水处理厂进行集中监控。

②添加剂进料和挤压造粒。

挤压造粒单元的典型配置是，来自干燥器的 PP 聚合物用闭路氮气气流输送系统输送至挤压单元聚丙烯粉料缓冲料仓。挤压机维修期间输送至聚丙烯粉料中间料仓 1A/B。

聚合物粉料从聚丙烯粉料中间料仓连续排出，经 PP 粉料计量单元计量后进入聚合物/添加剂连续混合器，然后加入挤压机。

为改进添加剂单元的灵活性和产品的稳定性，采用纯的添加剂计量系统。按照需要的稳定剂配方，添加剂连续按比例地通过添加剂计量单元计量后，连续进入聚合物/添加剂连续混合器。液体过氧化物添加剂用计量泵加入聚合物/添加剂连续混合器，通过聚合物/添加剂连续混合器之后加入添加剂的聚合物进入挤压造粒机。在挤压机中，聚合物粉料和添加剂经均化、熔融、挤压后在水下切粒，切粒后的聚丙烯颗粒进入颗粒干燥器，与水分离后，进入颗粒筛。经筛分除去粗细粒子后的聚丙烯粒料，用颗粒气流输送单元送入聚丙烯贮存和均化料仓 A－F。切粒水收集到切粒水箱，用切粒水泵 A/B，经切粒水过滤器过滤并经切粒水冷却器 A/B 冷却后进入挤压机模头。各加料料斗处的氮封管线均被接到由尾气过滤器和尾气排风扇 A/B 组成的粉尘收集系统。

③颗粒掺混、包装码垛。

产品通过气流输送系统掺混合格后，送入产品贮存料仓 A/B，经包装单元A/B 进行包装和码垛，再把成品垛送到成品仓库中贮存。

④丙烯精制。

从罐区来的丙烯含有水及硫化物、CO、O_2、AsH_3 等杂质，在精制工段进一步脱除。丙烯首先通过 D－701 除去游离水后送入 CO 汽提塔，在 CO 汽提塔内脱除 CO、O_2 及少量其他轻组分杂质，这些比丙烯轻的杂质及少量丙烯从塔顶排出界区。塔底的丙烯在液位控制下依次送往丙烯脱硫塔、丙烯干燥塔、脱胂塔和丙烯进料罐。自 CO 汽提塔后丙烯进入脱硫塔 A/B/C 脱除 COS 及 H_2S，两塔串联操作控制出口丙烯总硫小于 1mg/L，COS 小于 30ppb。当出口丙烯硫含量超标时需要更换催化剂。

丙烯经脱硫单元后，进入丙烯干燥塔 A/B，两个塔串联操作，以吸收水分，保证补充丙烯中水含量少于 2mg/L。这两个塔填充可再生分子筛，再生过程通过氮气加热器加热氮气的开路系统完成。丙烯脱水后进入脱胂塔以除去可能含有的 AsH_3 和剩余微量 COS。塔底的丙烯流经安全过滤器，除去含有的微量催化剂，然后送入进料罐。界区来的氢气经氢气压缩机 A/B 压缩后送入环管反应器。

第9章 丙烷制丙烯工艺概述

9.1 世界丙烯供需分析及预测

丙烯是最重要的烯烃原料，用量仅次于乙烯。其最大的下游产品是聚丙烯（PP），占全球丙烯消费量的63%左右，另外丙烯可制丙烯腈、异丙醇、苯酚和丙酮、丁醇和辛醇、丙烯酸及其酯类以及环氧丙烷和丙二醇、环氧氯丙烷和合成甘油等。

丙烯在传统上一直是来自蒸汽裂解装置或炼油厂生产成品油的副产品，但随着裂解原料继续转向更多的乙烷，进一步拉大了丙烯需求差距。最近北美的裂解装置扩建项目均基于增加可用的天然气凝析液（NGLs）。

虽然传统的石脑油裂解、炼油催化裂化副产丙烯的能力增长放缓，但多套大规模的丙烷脱氢装置投产，成为增长的主力。

2018年，全球丙烯产能增至1.43亿吨/年，产量1.41亿吨/年；装置开工率约98.7%。预计2020年全球丙烯产能将继续增长至1.65亿吨/年，产量将达1.53亿吨；在我国，丙烯大部分用于生产聚丙烯，占丙烯总消费量的71%以上，其中粒料占比61%，粉料占比10%，还有部分用于生产环氧丙烷、丙烯腈等其他化工产品。未来几年，丙烯下游需求将持续增加，其中聚丙烯依然是丙烯最主要的下游市场，下游产品中丙烯酸、丙烯腈、丙酮及环氧丙烷产能也将持续增加，对于丙烯需求也将有所增长。预计至2020年，国内丙烯需求量将达到34235.2万吨；到2023年，国内丙烯需求量将达到4462.4万吨。

9.2 原料来源及供应分析

9.2.1 原料来源

（1）油田伴生气

在石油开采过程中，石油和油田伴生气同时喷出，利用装设在油井上面的油气分离装置，将石油与油田伴生气分离。由于油田伴生气中将近77%的成分是甲烷，并且与天然气成分相近，仅含有5%左右的丙烷、丁烷组分。若利用吸收法把它们提取出来，可得到丙烷纯度很高而含硫量很低的高质量液化石油气。若分离相同规模的丙烷，与炼厂液化石油气相比，则需要很大的伴生气量，显然，用油田伴生气分离出液化石油气在经济上是不划算的。

（2）炼厂气

炼油厂石油气是在石油炼制和加工过程中所产生的副产气体，其数量取决于炼油厂的生产方式和加工深度，一般约为原油质量的5%~50%左右。根据炼油厂的生产工艺，可分为蒸馏气、热裂化气、催化裂化气、催化重整气和焦化气5种，这5种气体含有 C_3~C_5 组分，利用分离吸收装置将其中的 C_3、C_5 组分分离提炼出来，就获得液化石油气。液化石油气中的丙烷含量根据炼油厂的含量有所不同，一般来说，液化石油气中丙烷含量高，且液化石油气来源广泛，成本较低。

（3）天然气

天然气为干气和湿气两种。湿气中的甲烷含量在90%以下，乙烷、丙烷、丁烷等烷烃含量在50%以上，若将湿气中的戊烷、丁烷等组分分离出来，就得到所需的液化石油气。我国天然气属于干气，丙烷含量低于20%，可利用率不高。结合我国"富煤贫油少气"的资源现状，用天然气作为工业原料显然是不经济的。

（4）进口丙烷

目前，国内丙烷脱氢项目采取的丙烷主要来自中东的进口，丙烷原料价格对生产成本影响较大，必须有廉价的丙烷资源，否则该工艺无法与其他生产丙烯的技术相竞争。因此项目的经济性取决于丙烷与丙烯的差价。国内进口液化丙烷必须面临能否获得各大贸易商长期、稳定、相对低廉的丙烷资源的风险，并且还要增加码头、岸线、丙烷冷冻仓储等原料物流采购成本。

9.2.2 丙烷

国内丙烷市场目前处在一个低谷期，随着 2014 年下半年国际原油"断崖式"下跌，丙烷市场受到的冲击同样明显，市场价格同样遭遇"腰斩"。数据显示，2015 年以后国内丙烷市场进入历史低位。截至 2018 年 8 月，均价在 4500 元/吨附近，较 2016 年不足 3000 元/吨的价格低点有一定提高，但较 2014 年初接近 7000 元/吨的价格高点仍有较大差距（图 9 – 1）。

图 9 – 1 2016~2018 年 8 月国内丙烷价格

当前原油价格处于相对中低价位，随着 OPEC 减产实施及原油需求缓慢回升，2019 年原油供需向好，价格中枢上移至 60~70 美元/桶。同时，油价回升将促进页岩油气缓慢复苏，丙烷供需或将宽松。

从原料丙烷与产品丙烯的价格上看（表 9 – 1），从 2016 年以来，丙烯市场价格震荡走高，从均价 6283 元/吨上涨至 2018 年 8516 元/吨，丙烷市场价格则国际原油市场行情影响先抑后扬。通过我们对丙烷、丙烯以及丙烯成本的评估，通过数据结果来看，未来 PDH 工艺路线的丙烯有着相对较乐观的预期。

表 9 – 1 2014~2025 年丙烷、丙烯价格及预测

单位日期	布伦特油价/ （美元/桶）	丙烷 CFR 华南冷冻货 均价/（美元/吨）	丙烯价格/ （元/吨）	丙烯成本/ （元/吨）	丙烯利润/ （元/吨）
2014 年	99.4	681.3	9872	7022	2850
2015 年	53.6	472.5	6514	5363	1150
2016 年	45.1	343.5	6283	4477	1806
2017 年	57.8	482.6	7508	5709	1799

单位日期	布伦特油价/ (美元/桶)	丙烷 CFR 华南冷冻货 均价/(美元/吨)	丙烯价格/ (元/吨)	丙烯成本/ (元/吨)	丙烯利润/ (元/吨)
2018 年	71.6	553.0	8516	6232	2284
2019 年	67.5	517.7	7874	5916	1958
2020 年	67.3	516.5	7860	5692	2168
2021 年	68.5	523.6	7946	5953	1993
2022 年	67.9	520.0	7902	6055	1846
2023 年	68.7	524.3	7955	6161	1793
2024 年	70.0	531.9	8047	6367	1680
2025 年	72.0	543.1	8183	6401	1782

9.2.3　产品国家标准

产品国家标准如表 9-2 所示。

表 9-2　中华人民共和国国家标准（GB/T 7716—2002 工业用丙烯）

项目	指标	
	优等品	一等品
丙烯的体积分数/%　≥	99.6	99.2
烷烃的体积分数/%	余量	余量
乙烯的含量/(mL/m³)　≤	50	100
乙炔的含量/(mL/m³)　≤	2	5
甲基乙炔和丙二烯的含量/(mL/m³)　≤	5	20
氧的含量/(mL/m³)　≤	5	10
一氧化碳的含量/(mL/m³)　≤	2	5
二氧化碳的含量/(mL/m³)　≤	5	10
丁烯和丁二烯的含量/(mL/m³)　≤	5	20
硫的含量/(mg/kg)　≤	1	5
水的含量/(mg/kg)　≤	10	10
甲醇的含量/(mg/kg)　≤	10	

9.3　工艺技术方案

低碳烷烃催化转化制烯烃一直是石油化工领域的研究热点，它将成为新世纪石油化工技术研究开发的重点之一。其中乙烷脱氢制乙烯、丙烷脱氢制丙烯是两个主要的研究方向。但是，乙烷催化脱氢反应条件苛刻，能耗高，反应严格地受到热力学平衡的限制，就目前催化剂水平，C_2（乙烯和乙烷）单程收率只能在25%左右徘徊，离工业化甚远，近年来这方面的研究已趋于萎缩。

目前，丙烯供应主要来自石脑油裂解制乙烯和石油催化裂化过程的副产品。近年开发丙烯生产工艺成为热点，其中丙烷脱氢制丙烯工艺最受关注，且已成为石油化工领域丙烯原料的重要来源。

丙烷脱氢为强吸热反应，高温和低分压促进脱氢反应，但温度过高会增加副反应，且多数有影响的副反应都不会受热力学平衡的限制，从而降低生成丙烯主反应的选择性，工业上反应温度都保持在650℃以下。为得到较高单程转化率需要较长停留时间，对丙烯的选择性也有很大的负面影响，采用绝对压力稍高于大气压或用稀释剂降低烃分压来保持低分压，由于这些因素，丙烷脱氢工艺单程转化率在32%~55%，丙烯选择性在87%~91%（摩尔）之间。

目前，全球相对完善的丙烷脱氢技术有5种，包括UOP（Universal Oil Products）的Oleflex工艺，ABBLummus公司的Catofin工艺，Linde/BASF公司的PHD工艺，Uhde公司的STAR工艺和Snamprogetti~Yarsintez公司的FBD工艺。其中Oleflex工艺和Catofin工艺是最为成熟也是工业化应用最为广泛的工艺。

9.3.1 存在的工艺技术

9.3.1.1 Oleflex工艺

Oleflex工艺是UOP公司20世纪80年代开发的专利技术，由长链烷轻脱氢工艺Pacol工艺改进而来，反应系统由反应区、催化剂连续再生区、产品分离区和分馏区组成。Oleflex工艺是使用C_3LPG（C_3液化石油气）为原料生产聚合级的丙烯产品，在压力大于0.1MPa、温度580~650℃、铂催化剂（$Pt/Sn/Al_2O_3$）作用下进行丙烷脱氢、分离和精馏，得到聚合级丙烯产品。反应中不用氢气或水蒸气作稀释剂，故可降低能耗和操作费用。分为反应、回收和催化剂再生三部分，工艺流程见图9-2。

丙烯单程转化率35%~40%，总收率为86%左右，丙烯选择性为89%~91%。此装置催化剂不用多个反应器进行再生，反应单元投资相对较少，但是转化率相对不高，增加了循环量以及装置负荷，总体来说其投资方案适中。

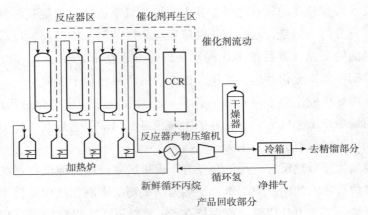

图9-2 Oleflex工艺流程图

（1）反应部分

C₃LPG 是含有 95% ~98% 的丙烷及少量乙烷、丁烷和微量的戊烷的混合烃气体，大多数 C₃LPG 是以天然气为原料加工得到，其中会含硫、砷、烯烃等杂质。C₃LPG 先脱除预处理，与富含氢气的循环丙烷气混合，加热到反应器所需进口温度并在高选择性铂催化剂作用下反应生成丙烯，使用4台径流式反应器，使吸热反应的转化率和选择性达到优化，催化剂连续再生。由于丙烷脱氢反应是强吸热反应，故从每一级反应器出来的混合反应气的温度会下降到有效反应温度以下，在每一级反应器后会接级间加热器，从最后一个反应器离开。

（2）回收精馏部分

反应生成气经冷却、压缩、干燥，然后送到冷箱部分冷凝，气体分为循环气和纯净气，纯净气是摩尔分数近90%的氢气，杂质主要是甲烷和乙烷；液体主要是丙烯和未反应丙烷混合物，送到下游精馏部分回收丙烯和再循环的丙烷，可得到纯度为 99.5% ~99.8% 的丙烯产品。

（3）再生部分

Oleflex 工艺还具有催化剂再生部分。催化剂的再生部分主要有4个作用：烧去催化剂上的结焦和积碳；将催化剂上的 Pt 金属粒子进行再分散；移去催化剂中的额外水分以及将催化剂还原恢复催化剂的反应活性。工艺的催化剂床层在反应器和再生器的环路中循环实现装置的连续化生产，循环时间为2~7天。

9.3.1.2 Catofin 工艺

Catofin 工艺是美国 ABBLummus 公司开发的低碳烷烃脱氧生产单烯烃技术。该工艺采用绝热的固定床反应器，反应器由4~8根并联的绝热管式反应器组成，脱氢反应在负压下进行，操作压力为 0.03～0.05MPa。Catofm 工艺使用 Cr 系催化剂，催化剂不用再生，该工艺丙烷单程转化率约为 45%，总转化率大于 85%，工艺操作温度 593～649℃，压力 33.86～50.79kPa。此装置催化剂运用多套反应器进行再生，反应单元投资相对较多，但催化剂活性、转化率相对较高，减少了循环量以及装置负荷，总体来说其投资方案适中。

由于该工艺的反应温度很高，为了减少反应过程中催化剂的积炭，一般会在反应器中加入一定量的硫黄。Catofin 工艺分为 4 个工段：反应工段、产品压缩工段、产品回收工段和丙烯精制工段。工艺流程见图 9-3。

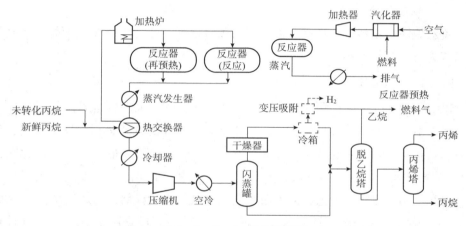

图 9-3　Catofin 工艺流程图

（1）反应部分

新鲜丙烷与循环丙烷混合料，和反应器排放料一起进入热交换器换热，再经加热炉加热至反应温度后送至反应器反应，反应器排放料换热后送压缩部分。

一般 Catofin 工艺的反应器由 8 个并联的反应器组成，反应器进行周期性操作，其操作周期为：

①反应器在负压下反应 10min；

②使用蒸汽对反应器进行吹扫；

③在常压下使用空气对催化剂进行燃烧再生处理；

④对反应器进行抽真空处理；

⑤使用氢气对催化剂进行再生处理。

在一个操作周期中，一般有 3 个反应器在进行反应，3 个反应器在进行催化剂再生操作，剩余 2 个反应器在进行蒸汽吹扫或者抽真空处理。Catofin 工艺的催化剂使用寿命为 2～3 年，在反应过程中，可以允许丙烷原料中含有至多 7.5% 的

C_4 组分，并且不需要对原料进行预加氢处理。

（2）压缩部分

反应器排放料被冷凝后压缩，产生的蒸汽冷凝物在低温回收闪蒸罐中分离，排放料冷凝物送脱乙烷塔，未冷凝排放料蒸汽送低温回收装置进行回收。

（3）回收部分

冷凝的反应器排放料经干燥并送到脱乙烷塔，以除去甲烷、乙烷和惰性气体，未冷凝的反应器排放料进一步冷凝，并回收剩余 C_3 组分和重质烃，排放气经提纯后氢气作为副产品。

（4）精制部分

脱乙烷塔底物料进入产品分离塔，塔顶可得到纯度为 99.5% 的丙烯，塔底物则回流为再循环料使用。

9.3.1.3　PDH 工艺

PDH 工艺是 Linde 公司与 BASF 公司合作开发的，采用的也是多管固定床工艺，反应器由 3 个平行反应器构成，采用周期性操作的方式运行。反应器进行反应后，再进行 3h 的再生操作。PDH 工艺使用 $Pt - Sn/ZrO_2$ 催化剂，该催化剂由 BASF 公司开发，反应温度 590℃，反应压力约为 0.15MPa，顶部用火嘴直接加热，过程类似于 STAR 工艺，但不用水蒸气或氢气作稀释剂，丙烯选择性为 90%（摩尔）。第二代催化剂是铂~沸石，丙烷一次转化率可提高到 50%，选择性可提高到 93%（摩尔）。反应器出口压力略高于大气压，可避免产生负压，从而改善工艺安全性，降低管线系统和压缩装备的投资费用。

反应后的高温混合气经过压缩及低温冷却后进入精馏单元生产聚合级丙烯产品同时回收未反应的丙烷。该工艺具有产量高，装置体积小，动力消耗低，投资少的优点。工艺流程见图 9-4。

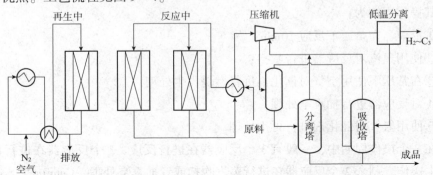

图 9-4　PDH 工艺流程图

工艺采用顶烧转化炉型反应器，反应器由炉内许多根装有催化剂的反应管组成，反应过程几乎在等温条件下进行。一组反应器一般包括三台，其中两台在运转，一台在再生，单个系列反应器尺寸由装置处理量决定，装置处理量可在 $50 \sim 250 \mathrm{kt/a}$ 内变化，超过 $250 \mathrm{kt/a}$ 就需要两套并列的反应器系列。原料气丙烷经过反应器后，反应段产物经过压缩和干燥，然后进入分馏塔，塔底分离出极少量 C_4 及以上组分，并从该塔侧线抽出 C_3 馏分直接进入丙烷/丙烯分离塔，分离出丙烯，未反应丙烷再循环回到反应段。

9.3.1.4 STAR 工艺

STAR 工艺是由美国 Phillips 石油公司开发，采用了列管式等温固定床反应工艺，催化剂采用的是 Pt – Sn – Al 体系，已经工业化的 STAR 工艺使用了 Pt – Sn/ $ZnAl_2O_4$ 和 Pt – Sn/Mg（Al_2O_3）催化剂来实现这一过程，催化剂寿命约为 $1 \sim 2$ 年，操作压力为 $0.35 \mathrm{MPa}$，操作温度 $500 \sim 590℃$，液时空速 $6.0 \mathrm{h}^{-1}$，丙烷单程转化率 $30\% \sim 40\%$，丙烯选择性 $85\% \sim 93\%$（摩尔），水蒸气作为导热介质。该工艺具有催化剂用量少、反应器体积小等优点，投资相对适中。工艺流程见图9－5。

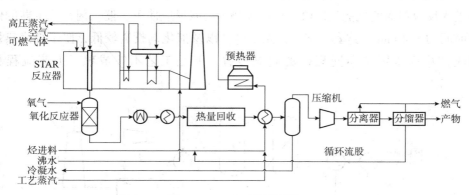

图 9 – 5　Star 工艺流程图

Star 工艺的加热炉和反应器的设计类似于生产甲醇的顶烧转化炉和管式固定床反应器。填装催化剂的反应管参数（热传递速度、催化剂失活速度、压力降）和烧嘴决定了装置的反应能力。反应装置在接近等温的条件下运行，从而提高了丙烯的选择性。通常，若生产规模较大，则采用 8 个按标准设计的 Star 反应器/加热炉来设计原料的处理工艺，其中 1 个反应器在再生，另外 7 个运转；若生产规模较小，可以使用 1 个反应器/加热炉，反应器周期性进行运转 – 再生操作。

Star 工艺使用的是以铝酸锌尖晶石为载体的 Pt 基催化剂，该催化剂选择性高，基本没有异构化作用，对原料中含氧化合物、烯烃和一定数量的硫有一定的抵抗作用，预期工业使用寿命为 1~2 年。Star 工艺加工原料的种类较多，原料不同，反应器的最佳操作条件也随之改变。通常的操作条件范围为：应温度482~621℃，反应压力为 98~1960kPa，液时空速为 0.5~1.0/h⁻¹。蒸汽/烃类比为 2~10mol 蒸汽/1mol 烃类。Star 工艺的单程转化率为50%~55%，烯烃选择性为94.5%~98%。反应过程中催化剂不断积碳而逐渐失活，因此催化剂需要再生。通常循环周期为 8h，其中7h 反应，1h 用于催化剂再生。

9.3.1.5 FBD 工艺

FBD 工艺是 Snamprogetti 公司在俄罗斯开发的流化床脱氢制异丁烯的基础上发展起来的，其技术核心也是流化床反应~再生系统，反应和再生分别在不同的流化床中完成。FBD 工艺采用了直径小于 0.1mm 的 Cr_2O_3/Al_2O_3 小球作为催化剂，在空速 100~1000h⁻¹，温度 560~580℃，压力略高于大气压的条件下反应，采用了气固逆流的进料方式。催化剂通过两套提升管在反应器和再生器之间循环，催化剂再生采用液化气作为加热源加热空气，热空气进入再生器烧焦，烧焦产生的高温可使再生器的温度高达 700℃以上，但这部分热量可以随催化剂的转移进入反应器而实现能量回收，供给吸热的脱氢反应使用。催化剂在再生器的停留时间约为 40min。这套工艺的优点是设备以及催化剂投资较低，便于烧焦热量回收，并且适用于不同规模的脱氢装置，但是工艺不够成熟。工艺流程见图9-6。

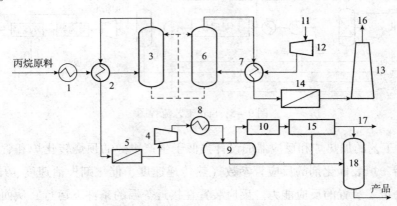

图9-6 FBD 工艺流程图

1—原料气化器；2—换热器；3—反应器；4—压缩机；5—过滤器；6—再生器；7—热交换器；
8—冷却器；9—分离器；10—干燥器；11—再生空气；12—空气压缩机；13—烟囱；
14—烟道气过滤器；15—冷箱；16—烟道气；17—轻组分；18—脱丙烷塔

反应再生系统简要流程如下：丙烷与来自烯烃分离装置的循环烃类混合，然后经反应器出料预热后，经过分布器从催化床层的底部进入反应工序，在流化床内充分反应后，用高效旋风分离器除去反应产物中夹带的催化剂粉末，再经洗涤系统除去粉尘，最后进入压缩和分离工序，从氢气和副产物中分离出 C_3 组分，催化剂通过输送管连续地在反应工序和再生器之间循环，催化剂通过再生器烧掉沉积在表面的少量结焦而恢复活性，再生器产生的热量被催化剂带至反应工序释放。

9.3.1.6 各工艺技术指标比较

各工艺路线比较数据如表 9 - 3 所示。

表 9 - 3 丙烷脱氢工艺路线比较

工艺	Catofin	Oleflex	STAR	FBD	PHD
专利公司	鲁姆斯	UOP	UHDE	Snamprogetti	林德
反应器	固定床	移动床	转化炉	流化床	转化炉
反应温度/℃	650	600	500 ~ 600	550 ~ 600	590
反应压力/MPa	0.05	3.04	0.10 ~ 0.20	0.3	> 0.10
选择率/%	87	> 84	85 ~ 93	89	
转化率/%	44	35 ~ 40	30 ~ 40	40	32 ~ 50
单耗/(t/t)	1.18	1.22	1.25		
催化剂	Cr_2O_3/Al_2O_3	$Pt - Sn/Al_2O_3$	贵金属$/Zn - Al_2O_3$	Cr_2O_3/Al_2O_3	Cr_2O_3/Al_2O_3
使用寿命/a	2	4 ~ 5	5		
再生方式	切换，空气燃烧 15 ~ 30min	连续移出再生	切换，空气燃烧，反应7h，再生 1h	连续移出再生流化床，空气燃烧	切换，空气燃烧，反应 6h，再生 3h
稀释情况	未稀释	H_2 稀释	水蒸气稀释	未稀释	未稀释
分压控制	氢循环	负压			水蒸气
供热方式	加热炉再热	周期性、烧积碳	固定床列管；火焰炉	在再生器中烧炭，外加燃料	固定床列管，火焰炉
能耗	较大	较大	较大	适中	较大
流程繁简	较复杂	适中	简单	简单	适中

9.3.2　目前可供工业应用的技术

丙烷选择性催化脱氢生产丙烯的技术是在异丁烷脱氢生产异丁烯技术的基础上发展起来的。目前可供工业应用的丙烷脱氢技术有以下 5 种。

（1）Lummus 公司的 Catofin 技术

采用固定床工艺和 $Cr_2O_3 - Al_2O_3$ 催化剂，反应温度为 560～620℃，反应压力 >0.05MPa。丙烷生成丙烯的总转化率为 86%，用 1.2t 丙烷生产 1t 丙烯。第一套工业装置建在比利时的安特卫普，丙烯生产能力为 25 万吨/年，1991 年投产。第二套建在沙特的 Jubail，丙烯生产能力为 45.5 万吨/年。其主要优缺点是：

①操作简单、稳定，运行周期长。

②在 CATOFIN 技术中，催化剂不需要移出，从而使得操作稳定、可靠。反应器维护低，非计划性停车少。

③反应器操作条件在综合考虑高转化率、反应选择性和催化剂稳定性后，进一步优化。44% 的单程转化率降低了未反应丙烷的循环量，从而减小了装置回收单元的规模，大大降低了丙烯/丙烷分离塔的投资。

④技术中使用的最新催化剂有着优异的性能，在装置生产中得到证实，催化剂不含贵金属。

⑤催化剂对原料的容忍性较好，可承受原料中含有一定量 C_4 以上的重组分，承受二烯烃和炔烃，并且对含氯、含氮和含硫化合物也有较好的承受能力。

⑥缺点是反应器台数多，占地面积大。

（2）UOP 公司的 Oleflex 技术

采用移动床工艺和 $Pt - Al_2O_3$ 催化剂，催化剂可以连续再生，类似于炼油厂的连续重整装置，反应温度 550～650℃，反应压力 >0.1MPa。丙烷生成丙烯的总转化率为 88%。这是目前世界上工业应用最早和最多的丙烷脱氢技术，国内已有 5 套工业装置投产。最早的一套工业装置建在泰国，丙烯生产能力为 10 万吨/年，1990 年投产；最大的一套建在烟台万华，丙烯生产能力为 75 万吨/年，2015 年投产。

Oleflex 工艺的优点：

①操作连续、负荷均匀、时空得率不变，反应器截面上的催化活性不变，催化剂再生在等温下进行，占地小，能耗相对较低。

②该工艺丙烯收率为 86.4%。

③缺点是使用了贵重金属催化剂，对原料要求苛刻，单程转化率较 Catofin

工艺低。

（3）Uhde 公司改进的 STAR 技术

采用固定床管式反应器和 Pt – Ca – Zn – Al$_2$O$_3$ 催化剂，反应温度为 500℃，反应压力为 0.35MPa。其特点是在管式反应器后面增加了一台氧化脱氢反应器，采用较高的压力，使催化剂用量减少，反应器容积减小。埃及有一套工业装置投产。

（4）Linde 公司的 PDH 技术

采用固定床工艺和 Cr$_2$O$_3$ – Al$_2$O$_3$ 催化剂（第一代），反应温度为 590℃，反应压力 >0.1MPa。第二代是 Pt – 沸石催化剂，丙烷一次通过的转化率由 32% 提高到 50%，选择性由 91% 提高到 93%，生产成本降低，目前尚未有建工业装置的安排。

（5）Snamproggetti – Yarsintez 公司的 FBD – 3 技术

采用流化床工艺和 Cr$_2$O3 – Al$_2$O$_3$ 催化剂，反应温度为 540 ~ 590℃，反应压力为 0.1MPa，目前尚未有建工业装置的安排。

由上述情况可见，目前只有 Oleflex、Catofin 和 STAR 3 种技术已经工业应用。因为丙烷脱氢是一种强吸热反应，催化剂失活较快，需要及时再生，因此，在采用固定床工艺时，至少要用 2 台反应器并联，以便在装置不停止运转的情况下使一台反应器中的催化剂进行再生；在采用移动床或流化床工艺时，催化剂可以连续离开反应器进入再生器进行再生，但需要一套单独的再生设备。

几种工艺的特点比较见表 9 – 4。

表 9 – 4　丙烷脱氢工艺的典型特征

工艺	开发商	反应器类型	催化剂	反应条件
STAR	克虏伯 – 乌德	固定床	Pt/Sn/Zn/Al$_2$O$_3$	500℃，0.35MPa
Catofin	鲁姆斯	固定床	Cr$_2$O$_3$/Al$_2$O$_3$	560 ~ 620℃，>0.05MPa
Oleflex	UOP	移动床	Pt/Al$_2$O$_3$	550 ~ 650℃，>0.1MPa
PDH	林德 – 巴斯夫 – Statoil	固定床	Cr$_2$O$_3$/Al$_2$O$_3$	590℃，>0.1MPa
FBD – 3	斯帕姆帕洛盖蒂 – Yarsintez	流化床	Cr$_2$O$_3$/Al$_2$O$_3$	540 ~ 590℃，0.1MPa

根据目前世界上已建成的装置的实际情况，结合目前新技术的发展和应用，丙烷催化脱氢工艺技术具有代表性，即 UOP 公司的 Oleflex 技术。

9.4　丙烷催化脱氢工艺及生产原理概述

9.4.1　生产原理

主反应方程式：$C_3H_8 \rightarrow C_3H_6 + H_2$

在反应的过程中，还伴随有副反应的发生，有轻组分和重组分生成，如：

$C_3H_8 \rightarrow CH_4 + C_2H_4$ 　　　　　　　　$C_3H_6 \rightarrow CH_4 + C_2H_2$

$C_2H_4 + H_2 \rightarrow C_2H_6$ 　　　　　　　　$C_2H_2 + 2H_2 \rightarrow C_2H_6$

$C_3H_6 + CH_4 \rightarrow C_4H_{10}$ 　　　　　　　$C_4H_{10} \rightarrow C_4H_8 + H_2$

$C_4H_8 \rightarrow C_4H_6 + H_2$ 　　　　　　　　$C_4H_{10} \rightarrow C_4H_6 + 2H_2$

以上所有的副反应都是在高温、有催化剂存在的情况下生成的，其中量比较大的副反应的生成物有一氧化碳、甲烷、乙炔、乙烷和丁烯。

9.4.2　工艺流程

丙烷送入丙烷脱氢装置，丙烷在反应器中发生脱氢反应，生成丙烯。反应生成物经过压缩、回收、精制后制得丙烯产品，部分送入下游装置，部分经中间罐区外卖。装置副产的脱乙烷塔顶气作为装置的燃料进入燃料气系统。富氢尾气经 PSA 制氢气，C_4 重组分作为装置燃料或者副产品出售，富氢尾气作为加热炉的燃料。

聚丙烯装置是丙烷脱氢装置的下游配套装置，充分利用联合装置的原料优势，上游丙烷脱氢装置生产的丙烯作为聚丙烯装置的原料，可拓展企业的产品种类。

总工艺流程见图 9-7，丙烷脱氢装置工艺流程图见图 9-8。

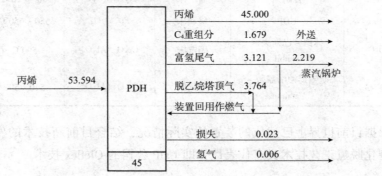

图 9-7　总工艺流程图

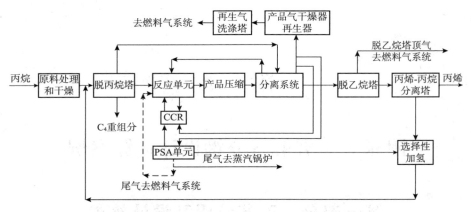

图9-8 丙烷脱氢工艺流程图

附　录

附录一　裂解气分馏设计计算案例

第一部分　工艺流程及设计要求

本案例是以某炼厂催化裂化设备的液化烃为原料，作气分装置的工艺设计。丙烯、丙烷和丁烷等化工原料的需求量越来越大，所以对气分装置作工艺部分的完善设计和技术改进，以及在原有工艺的根本上，联合全球新技术，运用化工软件进行过程模拟是相当必要的。

现在中国范围使用的气分装置精馏工艺普遍是"双塔"精馏及中国独立开发的"三塔"精馏。中国大多数中、小企业通常使用的"双塔"精馏具有成本低、生产周期短、流程简易等特点。而大、中型企业则大力发展"三塔"精馏技术，主要因为其极大减少了低分子混合烃类气体中的杂质，有效地增加了气体品质和热效率，是一项高效、环保、节能、先进的工艺。

1.1　原始数据

根据炼油方案，要求年处理量为40万吨，年开工时长8000h。主要产品为丙烯和丙烷。原料成分及含量见表1-1。

表1-1　原料成分及含量

序号	组分	质量百分比/%
1	乙烷	1.76
2	丙烯	31.51
3	丙烷	13.02
4	异丁烷	13.48
5	正丁烷	6.51

序号	组分	质量百分比/%
6	异丁烯	8.93
7	1-丁烯	8.93
8	2-反丁烯	7.42
9	2-顺丁烯	5.52
10	异戊烷	2.92
	合计	100

1.2　气体分馏流程简介

以炼厂催化裂化装置的液化气为原料，处理强度为 40 万吨/年，使用"三塔"流程工艺，主要由脱丙烷塔、脱乙烷塔、丙烯精馏塔三个塔组成。液化气从原料缓冲罐进入脱丙烷塔，大量 C_3 和少量的 C_2、C_4 从脱丙烷塔塔顶蒸出，经过冷凝冷却后，一些作塔顶冷回流，另一些当作脱乙烷塔的进料，大部分的 C_4 组分及其以上组分从脱丙烷塔塔底分离出。在脱乙烷塔内，大量 C_3 和少量的 C_2 经过脱乙烷塔塔底加热后，一部分作塔底回流，另一部分作为丙烯精馏塔的进料。因为丙烯精馏塔塔板数多塔高过大，通常分成二塔串联操作，由精馏段与提馏段两个塔组成，塔顶和塔底可以分别得到高纯度的丙烯与丙烷。为计算方便，一般将两个塔作为一个塔计算。工艺流程简图如图 1-1 所示。

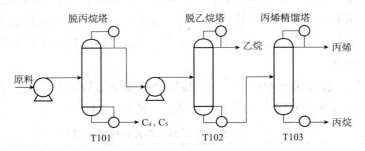

图 1-1　气体分馏装置工艺流程图

通过 Aspen Plus 设计软件，依次对三个精馏塔进行模拟。先按照已知设计前提和初始值作严格计算，使塔达到分离所需的要求；然后修改理论板层数和回流比，得到初阶成果；最后对设计参数及操作前提作分析研究，找到合适的操作前提和设计参数。结束单个精馏塔模拟后作整个系统的模拟，还要对整个系统作各类方案的模拟与对比，最后筛选最优模拟方案。依据化工原理中的基础理论和计算，对各个精馏塔作结构设定和水力学核算，画出负荷性能图，决定精馏塔的重要结构参数，并对运算成果作整合、分析、归纳，画出气分装置的流程图。

1.3 进料状况及分离要求

饱和液体进料时，进料温度受环境温度的作用很小，且精馏塔的操作方便调节，此外取统一塔径的精馏段与提馏段，可以方便设计计算和实际加工。所以本设计采用液体进料。产品分离要求如表 1 - 2 所示。

表 1 - 2 产品分离要求

	T - 101 脱丙烷塔	T - 102 脱乙烷塔	T - 103 丙烯精馏塔
设计规定 1 设计规定 2	塔顶 IC_4 含量 <0.01% 塔底 C_3 含量 <0.01%	塔底 C_2 <0.01%	塔顶丙烯含量 >99.6% 塔底丙烯含量 <8%

第二部分 气体分馏的工艺模拟及结果

2.1 热力学模型的选择

模拟过程中所需的模型和物料性质的集合称为物性方法。如何筛选物性方法决定了最终结果的正确与否，模型的筛选决定了非理想行为与操作前提，并且使用不同的模型和物性方法都会影响最终结果。Aspen Plus 提出了许多物性方法和模型供我们选择。

Aspen Plus 包含状态方程、理想、特殊和活度系数等物性模型。但应用最多的是活度系数与状态方程，对照这两种模型，见表 2 - 1。

表 2 - 1 活度系数模型和状态方程模型的对照

状态方程模型	活度系数模型
描绘非理想状态有一定局限性	能高度描绘非理想液体
需要较少的二次参数	要求许多二元参数
参数随温度适当外推	二元参数与温度密切相关
在临界区一致	在临界区不一致

常用选项集有：

（1）状态方程物性方法

PENG – ROB；RK – SOAVE。

（2）活度系数物性方法

NRTL；UNIFAC；UNIQUAC；WILON。

RK – SOAVE 状态方程的物性方法通常使用在高温与高压前提下，并且这种方法被普遍应用在石油和气体加工、石油化工、炼油等众多流程，所以本设计选用了 RK – SOAVE 热力学模型。

2.2　精馏模块的选择

运用简捷法和严格法的塔操作模块见表 2 – 2。

表 2 – 2　塔操作单元模块描述

项目	模块
简捷蒸馏	DSTWU、Distl、SCFrac
严格蒸馏	RadFrac、MultiFrac、PetroFrac、RateFrac
液 – 液萃取	Extract

想要取得正确的计算成果，塔操作单元应该选择简捷蒸馏计算和严格蒸馏计算混合使用的办法。用于严格蒸馏计算的各塔操作单元模型用途见表 2 – 3。

表 2 – 3　用于严格蒸馏计算各塔单元模型的用途

模块	用途
RadFrac	普通蒸馏吸收塔、汽提塔萃取和共沸、蒸馏、三相蒸馏、反应蒸馏
MultiFrac	热整合塔、空气分离塔、吸收/汽提塔组合、乙烯装置初馏塔和急冷塔组合、石油炼制应用
PetroFrac	预闪蒸塔、常压原油单元、减压单元、催化裂化主分馏器、延迟焦化主分馏器、减压润滑油分馏器、乙烯装置初馏塔和急冷塔组合
RateFrac	蒸馏塔、吸收塔、汽提塔、反应系统、热整合单元，例如，原油和减压单元、吸收、汽提塔组合

RadFrac 能够模拟普通精馏、反应精馏、吸收、汽提等操作。此外，RadFrac 严格分离能对分馏塔设计、计算和严格核算，还能对下面的工艺作模拟：

①普通蒸馏；

②吸收、再沸吸收；

③汽提、再沸汽提；

④恒沸蒸馏；

⑤反应蒸馏；

RadFrac 精馏模块具有下面几种结构选项：

①任何数量的进料；

②任何数量的侧线采出；

③总液体采出和循环回流；

④任何数量的换热器；

⑤任何数量的倾析器。

因此，本课题选用 RadFrac 精馏模块。

2.3　计算原始数据

第一步：输入脱丙烷塔进料状况及进料组成，如表 2-4 和表 2-5 所示。

表 2-4　脱丙烷塔进料状况

状态变量	
温度	42℃
压力	2.38MPa
总质量流量	50000kg/h

表 2-5　脱丙烷塔进料组成

组成（质量分率）/%	
C_2	0.0176
$C_3^=$	0.3151
C_3	0.1302
IC_4	0.1348
NC_4	0.0651
$IC_4^=$	0.0893
$C_4^= - 1$	0.0893
$E - C_4^= - 2$	0.0742
$Z - C_4^= - 2$	0.0552
IC_5	0.0292
合计	1

第二步：输入 DSTW 模块数据，脱丙烷塔工作状况见表 2-6。

表 2-6　脱丙烷塔工作状况

设定选项		
塔器设定	理论板数	49
压力	冷凝器	1.8MPa
	再沸器	1.85MPa
关键组分回收率	轻关键	组分 C_3
		回收率 0.9996
	重关键	组分 IC_4
		回收率 0.0003
冷凝器设定	全凝器	

注：N—正构；I—异构；Z、E—Z，E 标记命名法；-1、-2 官能团（此处为碳碳双键）位于碳链中的位置。

第三步：输入脱乙烷塔进料状况及进料组成，如表 2-7 和表 2-8 所示。

表 2-7　脱乙烷塔进料状况

状态变量	
温度	42℃
压力	2.8MPa
总质量流量	23146.2607kg/h

表 2-8　脱乙烷塔进料组成

组成（质量流量）/（kg/h）	
C_2	880
$C_3^=$	15754.1285
C_3	6507.31462
$I-C_4$	2.31484422
$N-C_4$	0.02971294
$I-C_4^=$	1.17772489
$C_4^=-1$	1.25121099
$E-C_4^=-2$	0.03598676
$Z-C_4^=-2$	0.00807862
$I-C_5$	1.33×10^{-8}
合计	23146.2607

注：N—正构；I—异构；Z、E—Z，E 标记命名法；-1、-2 官能团（此处为碳碳双键）位于碳链中的位置。

第四步：输入 DSTW 模块数据，脱乙烷塔工作状况见表 2-9。

表 2-9　脱乙烷塔工作状况

设定选项		
塔器设定	理论板数	38
压力	冷凝器	2.55MPa
	再沸器	2.6MPa
关键组分回收率	轻关键	组分　C_2
		回收率　0.9975
	重关键	组分　$C_3^=$
		回收率　1×10^{-5}
冷凝器设定	带气相塔顶产品的部分冷凝器	

第五步：输入丙烯精馏塔进料状况及组成，如表 2-10 和表 2-11 所示。

表 2-10　丙烯精馏塔进料状况

状态变量	
温度	65℃
压力	2.6MPa
总质量流量	20992.721kg/h

表 2-11　丙烯精馏塔进料组成

组成（质量流量）/(kg/h)	
C_2	2.09927236
$C_3^=$	14544.3966
C_3	6441.40759
$I-C_4$	2.31484422
$N-C_4$	0.02971294
$I-C_4^=$	1.17772489
$C_4^=-1$	1.25121098
$E-C_4^=-2$	0.03598676
$Z-C_4^=-2$	0.00807862
$I-C_5$	1.33×10^{-8}
合计	20992.721

注：N—正构；I—异构；Z、E—Z、E 标记命名法；-1、-2 官能团（此处为碳碳双键）位于碳链中的位置。

第五步：输入 DSTW 模块数据，丙烯精馏塔工作状况见表 2 – 12。

表 2 – 12　丙烯精馏塔工作状况

设定选项		
塔器设定	理论板数	180
压力	冷凝器	1.7MPa
	再沸器	1.8MPa
关键组分回收率	轻关键	组分	$C_3^=$
		回收率	0.9637
	重关键	组分	C_3
		回收率	0.0089
冷凝器设定	全凝器	

2.4　模拟结果汇总

表 2 – 13　总流程物料及能量平衡结果

		入方	出方
脱丙烷塔	质量流量/(kg/h)	50000	50000
	焓/kW	– 15301.454	– 13812.754
脱乙烷塔	质量流量/(kg/h)	23146.2607	23146.2607
	焓/kW	– 4917.8502	– 4382.2263
丙烯精馏塔	质量流量/(kg/h)	20992.721	20992.721
	焓/kW	– 3318.4906	– 4081.6131
总流程	质量流量/(kg/h)	94138.9817	94138.9817
	焓/kW	– 23537.7948	– 22276.5934

由表 3 – 13 可以得出，脱丙烷塔塔顶 IC_4 的质量百分数为 1.00008×10^{-4}、塔底 C_3 的质量百分数为 9.99898×10^{-5}；脱乙烷塔塔底 C_2 的质量百分数为 1.00003×10^{-4}；丙烯精馏塔塔顶 $C_3^=$ 的质量百分数为 0.9960099、塔底 $C_3^=$ 的质量百分数为 0.0800021。

由于 T – 101 脱丙烷塔塔顶 IC_4 含量 < 0.01%，塔底 C_3 含量 < 0.01%；T – 102 脱乙烷塔塔底 C_2 含量 < 0.01%；T – 103 丙烯精馏塔塔顶丙烯含量 99.6%，塔底丙烯含量 8%，基本达到了设计指标的要求。因此，Aspen Plus 软件模拟计算方法正确，数据可靠模拟结果符合设计规定。

附录二　石油化工专业英语词汇手册

石油化工仿真专业词汇

原油泵	crude oil pump
入口调节阀	front valve
电脱盐	electric desalter
调节阀	regulating valve
压差调节阀	pressure regulating valve
塔底泵	bottom pump
分馏塔底泵	flashing bottom pump
常压塔加热炉	atmospheric furnace
减压塔加热炉	vacuum furnace
破乳剂	demulsifier
鼓风机	air blower
烟气	flue gas
燃料油	fuel oil
燃料油雾化蒸汽	fuel oil atomizing steam
空冷器	air cooler
串级	cascade connection
初馏塔	primary tower
外取热汽包	external heat removing steam drum
缓冲罐	buffer tank
反应器顶去火炬	rector overhead to torch
再生滑阀	regeneration-waiting slide valve

再生器	regenerator
主风	main air
辅助燃烧室	auxiliary combustion chamber
干气	dry gas
混合原料雾化蒸汽	mixed oils atomizing steam
急冷油雾化蒸汽	quench oil atomizing steam
防焦蒸汽	coking prevention steam
外取热器上滑阀	external steam generator top slide valve
催化剂加料线	catalyst feed line
喷燃烧油	jet fuel oil
再生器床层	regenerator bed
钝化剂	passivant
催化器粉末	catalyst powder
三旋分离器	three-stage cyclone
油气分离器	oil-gas separator
油浆	slurry oil
重柴油	heavy diesel fuel
贫吸收油	lean absorption oil
吸收塔	absorption tower
解吸塔进料泵	desorber feeding pump
富吸收油	rich absorption oil
回炼油	recycle oil
分馏塔底	fractionator bottom
脱甲烷塔	demethanizer
气相去压缩机	gas-phase-to-compressor
气相去冷箱	gas-phase-to-cold box
加氢系统	hydrogenation system
灵敏板	sensitive plate
汽包水压	steam drum hydraulic
气密	air tightness
裂解炉	cracking furnace

N₂吹扫	N₂ purging
侧壁火嘴气密试验	air-tight test of sidewall nozzles
轻烃	light hydrocarbon
急冷油	quench oil
调质油	modified oil
注氨	feed ammonia
注碱	pouring alkali
塔釜排污	bottom blow-down
补水阀	water inlet valve
自动	self-motion

石油化工专业词汇

苯	benzene
甲苯	toluene
二甲苯	ethylene
乙烯	ethene
丙烯	propylene
丁二烯	butadiene
乙炔	acetylene
甲烷	methane
乙烷	ethane
丙烷	propane
醇	alcohols
脂肪族烃	aliphatic hydrocarbons
苯胺点	aniline point
抗爆剂	anti-knock agent
芳香族混合物	aromatic blend
芳香族	aromatics

灰分含量	ash content
恩氏蒸馏	ASTM distillation
自燃点	AUTO ignition point
共沸蒸馏	azeotropic distillation
碳	carbon
碳化	carbonization
催化剂中毒	catalyst poison
焦炭	coke
燃烧	combustion
化合物	compound
压缩	compression
冷凝、缩合	condensation
连续过程	continuous process
冷却器	cooler
馏分	cut
切点	cut point
临界压力	critical pressure
脱水	dehydration
脱盐	desalting
蒸馏曲线	distillation curve
闪点	flash point
馏分	fraction
燃料气	fuel gas
汽油	gasoline
氢气	hydrogen
硫化氢	hydrogen sulphide
加氢	hydrogenation
惰性气体	inert gas
易燃的	inflammable
润滑油	lub oil
润滑剂	lubricant

润滑	lubrication
轻组分	light ends
甲醇	methanol
甲基叔丁基醚（MTBE）	methyl tertiary butyl ether
分子	molecule
石脑油	naphtha
环烷烃	naphthene
天然气	natural gas
辛烷值	octane number
塔顶馏分	overheads
氧化	oxidation
腐蚀	corrosion
聚合物	polymer
辐射能	radiant energy
辐射段	radiant section
辐射	radiation
自由基	radical
反应器	reactor
再沸器	reboiler
循环	recycling
回流	reflux
回流比	reflux ratio
停留时间	residence time
泵	pump
安全保护	safeguarding
二次工艺	secondary process
空速	space velocity
硫	sulphur
热裂解	thermal cracking
无中心的，离心的	acentric
乙酸的	acetic

非环的	acyclic
吸附（作用）	adsorption
不利的；有害的；逆的；相反的	adverse
酒精；乙醇	alcohol
脂肪族的	aliphatic
烷烃	alkane
烷基化	alkylation
矾土；氧化铝	alumina
环境	ambient
酐	anhydride
抗震剂	antiknock
仪器，器械；机器；机构，机关	apparatus
附录；附加物	appendix
算术，计算；算法	arithmetic
芳香族化合物	aromatic
沥青	asphaltene
化验；分析	assay
大气的	atmospheric
航空	aviation
双重的；二态的；二元的	binary
生物柴油	biodiesel
沸腾	boil
丁烷	butane
丁烯	butylene
校准，标准化；刻度，标度	calibration
容量；才能；性能；生产能力	capacity
碳酰基，羰基	carbonyl
羧基的	carboxylic
致癌的	carcinogenic
催化的	catalytic
厘司	centistokes

十六烷，鲸蜡烷	cetane
氯化物	chloro-compound
套色版；层析法	chromatography
煤	coal
钴	cobalt
圆柱	column
消耗，燃烧	combust
凝结	condense
传导性，传导率，电导率	conductivity
布局	configuration
杂质	contaminant
变化	conversion
铜	copper
相互关系；相关性	correlation
腐蚀	corrosion
批评的；危险的，危急的；临界的	critical
天然的	crude
结晶的	crystallized
立方体的	cubic
累积的；渐增的；追加的	cumulative
钝化	deactivation
脱沥青	deasphalt
显像密度计，比重计	densitometer
沉积物	deposition
脱硫	desulphurization
恶化；变坏；退化；堕落	deterioration
脱蜡	dewax
二氯甲烷	dichloromethane
二烯烃	diene
柴油，柴油机	diesel
二甲基的	dimethyl

萃取	dissolve
蒸馏	distillation
双重的	dual
经济学	economics
基本的	elemental
洗提	elute
排放	emission
焓；热函；	enthalpy
熵，平均信息量；负熵	entropy
方程式；等式；相等；反应式	equation
腐蚀，侵蚀，磨损；烧蚀	erosion
本质上，根本上；本来	essentially
酯	ester
醚	ether
乙基	ethyl
蒸发，发散；消失；汽化；蒸发法	evaporation
过度的，极度的；过分的	excessive
萃取液	extract
拔出	extraction
推算，推断	extrapolate
过滤	filter
瓶，长颈瓶；烧瓶	flask
灵活焦化	flexicoking
公式	formula
配方	formulation
化石	fossil
分别，分馏法	fractionation
碎片	fragment
脆的，易碎的	friable
易逃逸，无常，不安定；逸度	fugacity
呋喃	furan

炉子	furnace
气化	gasification
凝胶，冻胶；定型发胶	gel
按几何级数地	geometrically
指导方针；指导原则	guideline
使…有黏性	gum
冒险；使遭受危险	hazard
庚烷	heptane
杂原子，杂环原子	heteroatom
己烷	hexane
碳氢化合物	hydrocarbon
加氢裂化	hydrocrack
氟化氢的	hydrofluoric
氢化作用	hydrogenation
显示；表明	indicate
拦截，拦住；截球；截击；拦阻	intercept
中间的，中级的	intermediate
异丁烷	isobutane
同分异构物	isomer
异构化	isomerization
异构烷烃	isoparaffin
煤油	kerosene
酮	ketone
实验室；实验课；研究室；药厂	laboratory
材料，原料；素材；布，织物	material
载体	matrix
硫醇	mercaptan
甲基	methyl
易混合的	miscible
修改的	modified
分子的	molecular

挥发油	naphtha
萘（球），卫生球	naphthalene
镍	nickel
氮	nitrogen
辛烷	octane
烯烃	olefin
渗透压力测定法	osmometry
氧化剂	oxidant
氧化物	oxide
羟基化合物	oxy-compound
石蜡；烷烃	paraffin
戊烷	pentane
石油化学制品	petrochemical
石油	petroleum
（苯）酚	phenol
酚的	phenolic
现象上地，明白地	phenomenally
铂	platinum
多环的	polynuclear
化钾	potassium
沉淀	precipitate
指定，规定；指定，规定	prescribe
压力输送；挤压；气密；增压	pressurization
优先的；占先的；在…之前	prior
工序；v. 加工	process
持续很久的	prolonged
泵送能力；可泵性；抽送量	pumpability
比重瓶	pycnometer
吡啶；氮苯	pyridine
吡咯	pyrrole
吡咯烷酮	pyrrolidone

萃余液	raffinate
反应	react
精炼，炼制	refine
折射的	refractive
折射率，折射性	refractivity
执拗的；倔强的；难治疗的	refractory
残余的；残留的	residual
残渣	residue
树脂；合成树脂；松香	resin
共鸣；反响；共振	resonance
饱和的	saturated
图解的	schematic
沉淀物；沉积物，沉渣	sediment
分离	separation
数列，序列；顺序；连续	sequence
硅	silica
使浸透	soak
肥皂；肥皂剧；皂，脂肪酸盐	soap
钠	sodium
溶剂	solvent
光谱学	spectroscopy
自发的；自然的；天然产生的	spontaneous
稳定化处理	stabilizing
稳定的	stable
构造	structure
下标的，写在下方的，脚注的	subscript
分部；分段；小部分；小单位	subsection
取代基	substituent
以后的	succeeding
足够的，充足的	sufficient
硫化物	sulphide

写在上边的	superscript
暂停；延缓；悬浮	suspend
象征；标志；符号；记号	symbol
合成	synthesis
把（数字、事实）列成表；使成板	tabulate
焦油	tar
单调沉闷的；冗长乏味的	tedious
理论的；推想的，假设的；空论的	theoretical
硫醇；巯基	thiol
钛金属	titanium
极大的，巨大的；可怕的，惊人的	tremendous
涡轮	turbine
超	ultra
极度的，最大的，最远的	utmost
真空	vacuum
钒	vanadium
减黏裂化	visbreaking
黏度	viscosity
不稳定的；（液体或油）易挥发的	volatile
挥发性；挥发度	volatility
产量	yield
沸石	zeolite
锌	zinc

附录三 核心章节"目标问题导向式教学"
五类问题讨论

第一章

基本问题：石油化工范畴是什么？

重点问题：乙烯工业发展现状分析？

难点问题：乙烯工业节能降耗主要措施？

实践问题：当代大学生在新形势下面临的机遇与挑战？

拓展问题："十三五"规划我国七大石化产业基地的人才需求战略？

第二章

课后讨论问题（1）

　　基本问题：烃类热裂解自由基反应的基本原理是什么？

　　重点问题：各族烃类热裂解的反应规律是什么？

　　难点问题：烃类热裂解原料有哪些评价指标？什么样的原料适宜作为裂解原料？

　　实践问题：在生产实际中，如何调整工艺参数以使裂解获得较高的烯烃收率？

　　拓展问题：轻烃裂解和重油裂解的工艺参数一样吗？如何选择？依据是什么？

课后讨论问题（2）

　　基本问题：　预分馏原理是什么？

　　重点问题：裂解气预分馏目的和作用是什么？

　　难点问题：裂解气净化、预处理工艺有哪些？

实践问题：同学在做课程项目过程中，文献调研，资料提取时有没有考虑学科前沿动态及社会发展需求？

拓展问题：在这些工艺中哪些环节体现了社会、健康、安全、法律、文化以及环境等因素？如何体现的？

第三章

基本问题：什么是 PX？

重点问题：PX 产业链转化途径？

难点问题：如何将苯、甲苯、二甲苯低附加值的产品转化为高附加值产品？

实践问题：在 PX 产业链中哪些环节体现了社会、健康、安全、法律、文化以及环境等因素？如何体现的？

拓展问题：如何理解家国情怀及我们身上肩负的社会责任和使命？培养学生正确的人生价值观。

第四章

基本问题：乙烯下游产业链包含哪些产品？

重点问题：生产合成气的基本原理是什么？

难点问题：以甲烷为原料生产合成气影响转化反应平衡的主要因素有哪些？是如何影响的？

实践问题：在生产实际中，甲醇制烯烃有哪些工艺？各有什么优缺点？

拓展问题：氯乙烯和环氧乙烷生产工艺哪些环节体现了安全与环保的理念？

第五章

基本问题：C_5/C_9 组分是什么？

重点问题：C_5/C_9 资源综合利用途径有哪些？

难点问题：C_5/C_9 资源综合利用市场价值体现在哪里？

实践问题：哪些企业在做 C_5/C_9 后加工综合利用？

拓展问题：C_5/C_9 后加工综合利用工艺技术难点是什么？

第六章

基本问题：苯乙烯性质及用途？

重点问题：苯乙烯主要生产方法有哪些？

难点问题：苯乙烯市场发展现状及前景？

实践问题：乙苯脱氢制苯乙烯的工艺优越性？

拓展问题：各苯乙烯生产工艺的优缺点？

第九章

基本问题：丙烷脱氢制丙烯；乙烷裂解制乙烯概念？

重点问题：丙烷脱氢制丙烯生产原理？

难点问题：丙烷脱氢制丙烯工艺技术？

实践问题：丙烷脱氢制丙烯的市场需求及前景？

拓展问题：丙烷脱氢制丙烯对地方经济发展的影响？

参考文献

[1] 米镇涛. 化学工艺学 [M]. 北京：化学工业出版社，2018.

[2] 王松汉. 乙烯工艺与技术 [M]. 北京：中国石化出版社，2000.

[3] 安钢. 乙烯及其部分衍生物工业基础 [M]. 北京：化学工业出版社，2009.

[4] 邓云祥，张坤雄，梁艺津，等. 乙烯及其后加工应用 [J]. 广州：广东化工.

[5] 张旭之. 乙烯衍生物工学 [M]. 北京：化学工业出版社，2007.

[6] 陈滨. 乙烯工学 [M]. 北京：化学工业出版社，1997.

[7] 吴指南. 基本有机化工工艺学 [M]. 北京：化学工业出版社，1990 年.

[8] 黄仲九，房鼎业. 化学工艺学（精编版）[M]. 北京：高等教育出版社，2011.

[9] 陈滨. 石油化工工艺学丛书（5 册）[M]. 北京：化学工业出版社.

[10] 王基铭，袁晓棠. 石油化工技术进展 [M]. 北京：中国石化出版社，2002.

[11] 朱男编. 聚丙烯塑料的应用与改性. 北京：轻工业出版社，1982.

[12] 洪定一. 聚丙烯——原理、工艺与技术. 北京：中国石化出版社，2002.